1996年5月，在北京师范大学数学系的硕士论文答辩会后合影.
前排左起：王申怀、丁尔陞、钟善基、曹才翰、钱珮玲.

2007年，应云南师范大学数学学院邀请，参加硕士生论文答辩.
前排左3为吕传汉教授、左4为王申怀、左7为朱继宗教授.

1982年，在美国麻省州立大学作访问学者．

1998年《数学教育学报》编委会会议后，与主编王梓坤院士在张家界合影．

2007年9月，在黄河壶口瀑布留影.

2007年，与夫人及外孙女合影.

王申怀

WANG SHENHUAI

数学教育文选

李仲来　主编
王申怀　著

北京

人民教育出版社

图书在版编目（CIP）数据

王申怀数学教育文选/王申怀著. —北京：
人民教育出版社，2011.11
ISBN 978-7-107-24042-3

Ⅰ. ①王… Ⅱ. ①王… Ⅲ. ①数学教学—文集
Ⅳ. ①01-4

中国版本图书馆 CIP 数据核字（2011）第 238390 号

人民教育出版社出版发行

网址：http://www.pep.com.cn

北京人卫印刷厂印装 全国新华书店经销

2012 年 4 月第 1 版 2012 年 4 月第 1 次印刷

开本：890 毫米×1 240 毫米 1/32 印张：9.25 插页：2 字数：229 千字

定价：20.50 元

序

  我与王申怀认识于 1962 年秋，那时他刚从复旦大学数学系毕业，分配到北京师范大学数学系工作．初到北师大安排在数学系几何教研室，至今算来与我相识已将近 50 年了．现在王申怀教授邀请我为他的著作——《王申怀数学教育文选》作序，我感到这是一件很高兴的事情．

  王申怀老师在北师大从事数学教育工作，从助教开始，历任讲师、副教授、教授，直至 1999 年年底退休，可以说积累了丰富的数学教学经验，出版一本教育文选是一件很有意义的事情．王申怀老师在北师大数学系的工作大致可分两个阶段：第一阶段是从 1962 年至 1990 年左右，他在北师大数学系几何教研室做教学工作，曾主讲过解析几何、高等几何、微分几何等大学几何课程；第二阶段是 1990 年以后，由于工作需要，王申怀从几何教研室调至中学数学教育与数学史教研室工作，并担任数学系副主任，在这时期他主讲过数学教学论和初等数学研究，同时指导本科生在北师大附中等学校进行教学实习，从 1995 年后招收（数学）学科教学论硕士研究生和教育专业硕士研究生．此外王申怀还担任《数学通报》和《数学教育学报》编委，同时受聘于教育部考试中心和北京教育考试院，担任普通高考和成人高考专升本的命题工作．退休以后，本世纪初，王申怀教授参加了由我主编，人民教育出版社出版的《普通高中课程标准实验教科书数学 A 版》的编写工作（担任数学 2 及选修 2-1 的分册主编）．

《王申怀数学教育文选》大体上由三部分组成：第一部分是有关初等数学研究方面的内容，这部分内容的主要文章有："π 的数值是怎样计算出来的""正弦定理与欧氏平行公理的等价性""一个极值问题的新解"等．这部分文章的特点是从纯数学知识方面来讨论初等数学的有关问题．从文章的写法上来说是采用高观点的视角，也就是说是用高等数学的知识（如微积分、抽象代数、射影几何等知识）来统率、探讨初等数学问题．

第二部分是有关初等几何教材与教法的研究，同时介绍了一些国外的著名教材．这部分内容的主要文章有："二次曲线中点弦性质的统一证明""圆锥曲线是椭圆、双曲线和抛物线的解析证明""美国 UCSMP 教材介绍"等，这些文章的主要读者对象是初涉中学数学教学的新教师，以期望能解决他们在教学实践及教材处理方面的某些疑惑或困难．因此这部分内容的明显特点是有针对性与现实性．

第三部分是有关几何课程教改的探讨．其主要文章有："论高师院校几何课中的思想和方法""几何课程教改展望""数学证明的教育价值""编写新教材中的一些感想"等，这些文章的特色是尽量利用现代教育学和心理学研究的成果来研究目前的几何课程改革，同时也总结了一些国内外几何课程改革的失败和成功的经验，以期望人们在今后的几何课程改革和编写教材方面少走弯路．

除了以上三部分内容以外，文选中还收集了王申怀教授撰写的一些杂谈，如："存在性证明之必要""4 维立方体""普拉托问题与道格拉斯""综合法、代数法谁优谁劣"等，这些文章短小精悍，读起来也颇有趣味．

总之，这本文选反映出王申怀教授在初等数学研究、数学教育理论研究、几何课程改革方面研究的成果．同时也反映出王申怀教授对中学数学教学的关注．这本文选对师范大学数学专业的本科生以及数学教育专业的研究生都是很有价值的参考读物，同时对中学数学教师在教学实际与理论研究方面也有参考价值．甚至某些文章对于开阔中学生的视野，提高他们的数学知识层面也有好处．

　　以上是我对《王申怀数学教育文选》的一些粗浅看法，供广大读者阅读时参考．

刘绍学
2011 年 4 月

3

序

目录

目录

目录

WANG SHENHUAI SHUXUE JIAOYU WENXUAN

一、几何与初等数学研究

■ π 的数值是怎样计算出来的 [*]

大家都知道，圆的周长与它的直径之比是个常数，通常称它为圆周率，用希腊字母 π 来表示. π 不但在理论研究方面有很重要的地位，而且在生产实践中也常用到它. 因此，自古以来人们对圆周率 π 就进行了详细的研究，并用各种方法来计算出它的数值. 下面我们简单地介绍一下圆周率 π 是怎样计算出来的.

（一）利用圆的内接和外切正多边形的边长来计算 π

为了计算圆周率 π，我们首先考虑能否算出一个半径为 R 的圆的周长. 如果我们已求得此圆的周长，那么只需把它和圆的直径相比就能得到圆周率 π. 因此，求圆周率的问题在某种意义上就可归结为求圆的周长.

显然，一个圆的周长总是大于其内接正多边形的周长，且总是小于其外切正多边形的周长. 而且当正多边形的边数不断增加时，它的周长就越来越接近圆的周长. 所以为了求圆的周长我们先来求圆的内接和外切正多边形的周长.

假设 a_n 和 a_{2n} 分别表示内接于半径为 R 的圆的正 n 边形和正 $2n$ 边形的一边长，那么成立

$$a_{2n} = \sqrt{2R^2 - R\sqrt{4R^2 - a_n^2}}. \qquad (1)$$

假设 A_n 和 A_{2n} 分别表示外切于半径为 R 的圆的正 n 边形和正 $2n$ 边形的一边长，那么成立

* 本文原载于《中学理科教学》，1978（5）：25-29.

$$A_{2n} = \frac{2RA_n}{2R + \sqrt{4R^2 + A_n^2}}. \tag{2}$$

我们现在来证明公式（1）和公式（2）．

设内接正 $2n$ 边形的中心角为 θ，其一边长 $AB = a_{2n}$（如图 1），那么

$$\sin \theta = \frac{a_n}{2R}.$$

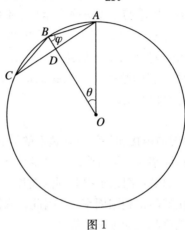

图 1

设 $\angle ABO = \varphi$，那么

$$\varphi = \frac{\pi - \theta}{2}, \ \text{或} \ \theta = \pi - 2\varphi.$$

所以

$$\cos \theta = \cos(\pi - 2\varphi) = -\cos 2\varphi = 2\sin^2 \varphi - 1.$$

设 AC 为内接正 n 边形的一边长，即 $AC = a_n$，则 $AD = \frac{a_n}{2}$．所以

$$\sin \varphi = \frac{a_n}{2a_{2n}},$$

因此

$$\cos \theta = \frac{a_n^2}{2a_{2n}^2} - 1.$$

但是 $\sin^2\theta + \cos^2\theta = 1$，所以

$$\left(\frac{a_n}{2R}\right)^2 + \left(\frac{a_n^2}{2a_{2n}^2} - 1\right)^2 = 1,$$

化简得

$$a_{2n}^4 - 4R^2 a_{2n}^2 + R^2 a_n^2 = 0.$$

把 a_{2n} 作为未知数，解得

$$a_{2n}^2 = \frac{4R^2 \pm \sqrt{16R^4 - 4a_n^2 R^2}}{2} = 2R^2 \pm R\sqrt{4R^2 - a_n^2},$$

因为 $a_{2n} \leqslant R$，因此根式前的"＋"号不合题意，故

$$a_{2n} = \sqrt{2R^2 - R\sqrt{4R^2 - a_n^2}}.$$

设外切正 $2n$ 边形的中心角为 2θ（如图 2），

则
$$\tan\theta = \frac{A_{2n}}{2R},$$

$$\tan 2\theta = \frac{A_n}{2R},$$

又因为
$$\tan 2\theta = \frac{2\tan\theta}{1 - \tan^2\theta},$$

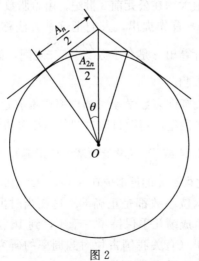

图 2

所以
$$\frac{A_n}{2R} = \frac{2 \cdot \dfrac{A_{2n}}{2R}}{1 - \dfrac{A_{2n}^2}{4R^2}} = \frac{4RA_{2n}}{4R^2 - A_{2n}^2},$$

因此得
$$A_n A_{2n}^2 + 8R^2 A_{2n} - 4R^2 A_{2n} = 0,$$

解得
$$A_{2n} = \frac{2R(\pm\sqrt{4R^2 + A_n^2} - 2R)}{A_n}.$$

因为 $A_{2n} > 0$，所以根式前的"一"号不合题意. 所以

$$A_{2n} = \frac{2R(\sqrt{4R^2 + A_n^2} - 2R)}{A_n} = \frac{2RA_n}{2R + \sqrt{4R^2 + A_n^2}}.$$

公式（1）和公式（2）证毕.

  因为圆的内接或外切正六边形的边长是很容易计算的，所以我们如果连续运用公式（1）和公式（2）就可以很快地算出正 12，24，48 和 96 边的内接和外切正多边形的周长. 如果取圆的直径为 $1\left(\text{即 } R = \dfrac{1}{2}\right)$，由公式（1）和公式（2）就可以得出圆周率 π 的不足和过剩近似值. 用这种方法来计算 π 的数值大约在公元前 3 世纪，由希腊数学家阿基米德（Archimedes）首先提出，人们把这种方法称为古典方法. 阿基米德曾计算出 π 是介于数 $\dfrac{223}{71}$ 和 $\dfrac{22}{7}$ 之间，如果取二位小数，π 便是 3.14.

  我国古代有许多数学家对圆周率也都有过很好的研究. 大约在公元 3 世纪，刘徽只通过圆的内接多边形，便求得 π 的近似值为 3.14 或 $\dfrac{157}{50}$（没受阿基米德影响）. 大约在公元 5 世纪，祖冲之得到 π 的近似值在 3.141 592 6 和 3.141 592 7 之间，这说明六位小数都是正确的. 这在当时世界上是最好的结果，这个成绩几乎保持了一千年，到 16 世纪欧洲人才得到这个结果（有关我国古代对圆周率的研究请参阅有关中国数学史，这里不再详述）.

在 17 世纪以前，人们计算圆周率 π 就是利用上述方法.下面简单地列出 17 世纪以前人们计算 π 的结果.

大约在公元 150 年，亚力山大的托勒密（Ptolemy）用古典方法得到 π 的近似值为 3.141 6；

1150 年印度数学家 Bhaskara 曾用 $\sqrt{10}$ 作为 π 的近似值；

1579 年法国数学家韦达（F. Viete）通过计算一个 $6\times 2^{16}=393\ 216$ 边的正多边形的周长得到 π 的九位小数；

1610 年德国人 Van Ceulen 用了几乎一生的精力，计算了一个 2^{62} 个（有 17 位数字！）边的正多边形，得到 π 的 35 位小数. 从 Van Ceulen 的工作可以看出如果不改进计算的方法，想要得出 π 的更精确的数值几乎是不可能了.

（二）利用无穷级数来计算 π

在介绍利用无穷级数来计算 π 之前，我们先给出一个把 π 展开为无穷乘积的例子.

韦达在 1579 年首先发现了一个有趣的等式

$$\frac{2}{\pi}=\frac{\sqrt{2}}{2}\cdot\frac{\sqrt{2+\sqrt{2}}}{2}\cdot\frac{\sqrt{2+\sqrt{2+\sqrt{2}}}}{2}\cdot\cdots \tag{3}$$

从这个等式可以看出，π 可以写为无穷乘积的形式. 证明这个公式并不困难. 考虑一个单位圆，则它的内接正方形的一边长为 $\sec\theta(\theta=45°)$；

内接正 8 边形的 2 边之和为 $\sec\theta\cdot\sec\dfrac{\theta}{2}$；

内接正 16 边形的 4 边之和为 $\sec\theta\cdot\sec\dfrac{\theta}{2}\cdot\sec\dfrac{\theta}{4}$；

......

显然可以得出最后的结果是越来越接近于 $\dfrac{1}{4}$ 圆周长，即

$$\sec\theta\cdot\sec\frac{\theta}{2}\cdot\sec\frac{\theta}{4}\cdots\qquad\to\frac{\pi}{2},$$

因此

$$\frac{2}{\pi}=\cos\theta\cdot\cos\frac{\theta}{2}\cdot\cos\frac{\theta}{4}\cdots$$

但是 $\cos\theta=\dfrac{\sqrt{2}}{2}$，$\cos\dfrac{\theta}{2}=\sqrt{\dfrac{1+\cos\theta}{2}}=\dfrac{\sqrt{2+\sqrt{2}}}{2}$，$\cos\dfrac{\theta}{4}=$

$\sqrt{\dfrac{1+\cos\dfrac{\theta}{2}}{2}}=\dfrac{\sqrt{2+\sqrt{2+\sqrt{2}}}}{2}$ 等．因此就得到（3）式．

但是如果利用公式（3）来计算 π 是很困难的．因为这必须进行很多次开方运算，如果想要得到 π 更精确的数值，计算量就会非常大，以至无法实现．

1671 年苏格兰人 J. Gregorg 把 arctan x 展开成无穷级数

$$\arctan x=x-\frac{x^3}{3}+\frac{x^5}{5}-\frac{x^7}{7}+\cdots\quad(-1\leqslant x\leqslant1)\qquad(4)$$

（关于这个公式的证明超出了本文所讨论的范围，这里不再叙述了）

但是他没有注意到当 $x=1$ 时上述级数便变为

$$\frac{\pi}{4}=1-\frac{1}{3}+\frac{1}{5}-\frac{1}{7}+\cdots\qquad(5)$$

这个事实首先由莱布尼茨（Leibniz）在 1674 年指出．因此人们通常把（5）式称为莱布尼茨公式❶．但是级数（5）收敛得很慢，因此用它来计算 π 也得不出更精确的数值．

王申怀数学教育文选

---

❶　关于莱布尼茨公式的初等证明见《数学通报》1955 年 2 月第 10～15 页题为"对于数 π 的沃利斯公式、莱布尼茨公式和欧拉公式的初等推导"一文．

1706 年马信（J. Machin）注意到等式

$$\frac{\pi}{4} = 4\arctan\frac{1}{5} - \arctan\frac{1}{239}. \tag{6}$$

这个等式的证明是不难的. 设 $\alpha = \arctan\frac{1}{5}$，$\beta = \arctan\frac{1}{239}$；那么 $\tan\alpha = \frac{1}{5}$，$\tan\beta = \frac{1}{239}$. 由此可知，

$\tan 2\alpha = \frac{2\tan\alpha}{1-\tan^2\alpha} = \frac{5}{12}$，$\tan 4\alpha = \frac{120}{119}$，所以 $\tan(4\alpha - \beta) =$

$\frac{\tan 4\alpha - \tan\beta}{1 + \tan 4\alpha \cdot \tan\beta} = \frac{\frac{120}{119} - \frac{1}{239}}{1 + \frac{120}{119} \cdot \frac{1}{239}} = 1$，故 $\arctan(4\alpha - \beta) =$

$\frac{\pi}{4}$，即为（6）式. 因此只要算出 $\arctan\frac{1}{5}$ 和 $\arctan\frac{1}{239}$，利用（6）式就能很快地得出 π 的数值. 为此我们把（4）式中的 x 分别取 $\frac{1}{5}$ 和 $\frac{1}{239}$ 再代入（6）式便得

$$\pi = 16\arctan\frac{1}{5} - 4\arctan\frac{1}{239}$$
$$= 16\left(\frac{1}{5} - \frac{1}{3}\cdot\frac{1}{5^3} + \frac{1}{5}\cdot\frac{1}{5^5} - \frac{1}{7}\cdot\frac{1}{5^7} + \frac{1}{9}\cdot\frac{1}{5^9} - \right.$$
$$\left.\frac{1}{11}\cdot\frac{1}{5^{11}} + \cdots\right) - 4\left(\frac{1}{239} - \frac{1}{3}\cdot\frac{1}{239^3} + \cdots\right). \tag{7}$$

（7）式称为马信公式. 如果我们要依上述公式计算出 π 的七位小数，只需上面已写出的那些项就够了.

$\dfrac{16}{5} = 3.2 \qquad\qquad\qquad \dfrac{16}{3\times 5^3} = 0.042\ 666\ 67$

$\dfrac{16}{5\times 5^5} = 0.001\ 024 \qquad\qquad \dfrac{16}{7\times 5^7} = 0.000\ 029\ 26$

$+)\dfrac{16}{9\times 5^9} = 0.000\ 000\ 91 \qquad +)\dfrac{16}{11\times 5^{11}} = 0.000\ 000\ 03$

<hr>

$3.201\ 024\ 91$（＋） $\qquad\qquad\qquad 0.042\ 695\ 96$（一）

$$\begin{array}{r} 3.201\ 024\ 91 \\ -)\ 0.042\ 695\ 96 \\ \hline 3.158\ 328\ 95 \end{array}$$

$$\begin{array}{r} \dfrac{4}{239}=0.016\ 736\ 40\ (+) \\ -)\ \dfrac{4}{3\times239^3}=0.000\ 000\ 10\ (-) \\ \hline 0.016\ 736\ 30 \end{array}$$

因此，

$$\pi\approx3.158\ 328\ 95-0.016\ 736\ 30=3.141\ 592\ 65,$$

其中前面七位小数是正确的.

由上面的计算过程可知，我们利用马信的方法大约只需用半个小时就可计算出 π 的七位小数. 但是如果用古典的方法，韦达为了得到 π 的九位小数竟需计算一个正393 216 边形的周长！因此由于计算方法的改进就能很快地计算出 π 的更精确的数值. 马信在 1706 年曾利用公式（7）把 π 计算到 100 位小数.

1844 年 Dase 利用级数（4）及等式

$$\frac{\pi}{4}=\arctan\frac{1}{2}+\arctan\frac{1}{5}+\arctan\frac{1}{8} \tag{8}$$

（这个等式的证明留给读者自己来证）把 π 计算到 200 位小数. 英国人 W. Shanks 用公式（7）花了 15 年的时间在 1873 年得到 π 的 707 位小数. 但是在 1946 年发现第 528 位小数是错误的. 1948 年英国人 D. F. Ferguson 和美国人 J. W. Wrench 一起公布了 π 的 808 位小数. 这是人们在利用电子计算机以前所得到的最后结果了.

前面已经讲过韦达首先把 π 写成无穷乘积的形式，现在再介绍几种 π 展开为无穷乘积或无穷级数的例子.

1650 年英国数学家沃利斯（J. Wallis）把 π 写为

$$\frac{\pi}{2}=\frac{2\cdot2\cdot4\cdot4\cdot6\cdot6\cdots}{1\cdot3\cdot3\cdot5\cdot5\cdot7\cdot7\cdots}, \tag{9}$$

通常把（9）式称为沃利斯公式❷.

欧拉（Euler）曾经把 π 展开为如下的无穷级数的形式

$$\frac{\pi^9}{6}=1+\frac{1}{2^2}+\frac{1}{3^2}+\frac{1}{4^2}+\cdots \tag{10}$$

通常把（10）式称为欧拉公式❸.

用希腊字母 π 来表示圆周率，早期曾由英国数学家 I. Banow，D. Gregory 等人使用过，但他们仅用来表示圆的周长. 英国人 W. Jones 在 1706 年第一次用 π 来表示圆周率，可是人们当时并没有普遍使用 π 来表示圆周率，直到 1737 年欧拉广泛地使用字母 π 以后，圆周率用字母 π 来表示才终于确定下来.

---

❷ 沃利斯公式的初等推导见注❶. 利用定积分很容易证明（9）式，现证明如下：当 $0<x<\frac{\pi}{2}$ 时，有 $\sin^{2n+1} x<\sin^{2n} x<\sin^{2n-1} x$，$(n=1,2,3,\cdots)$

所以 $\int_0^{\frac{\pi}{2}} \sin^{2n+1} x\mathrm{d}x<\int_0^{\frac{\pi}{2}} \sin^{2n} x\mathrm{d}x<\int_0^{\frac{\pi}{2}} \sin^{2n-1} x\mathrm{d}x$，积分后得

$$\frac{2\cdot4\cdots\cdots 2n}{1\cdot3\cdot5\cdots\cdots(2n+1)}<\frac{1\cdot3\cdot5\cdots\cdots(2n-1)}{2\cdot4\cdots\cdots 2n}\cdot\frac{\pi}{2}<\frac{2\cdot4\cdots\cdots(2n-2)}{1\cdot3\cdot5\cdots\cdots(2n-1)},$$

即 $\left[\dfrac{2\cdot4\cdots\cdots 2n}{1\cdot3\cdot5\cdots\cdots(2n-1)}\right]^2\cdot\dfrac{1}{2n+1}<\dfrac{\pi}{2}<\left[\dfrac{2\cdot4\cdots\cdots 2n}{1\cdot3\cdot5\cdots\cdots(2n-1)}\right]^2\cdot\dfrac{1}{2n}.$

因为上式两端之差 $\dfrac{1}{2n(2n+1)}\left[\dfrac{2\cdot4\cdots\cdots 2n}{1\cdot3\cdot5\cdots\cdots(2n-1)}\right]^2<\dfrac{1}{2n}\cdot\dfrac{\pi}{2}$，

因此当 $n\to\infty$ 时趋于零，所以不等式两端有公共极限

$$\lim_{n\to\infty}\left[\frac{2\cdot4\cdots\cdots 2n}{1\cdot3\cdot5\cdots\cdots(2n-1)}\right]^2\cdot\frac{1}{2n+1}=\frac{\pi}{2}.$$ 即得（9）式.

❸ 欧拉公式的初等推导见注❶. 利用傅里叶（Fourier）级数，很容易得到（10）式. 因为在区间 $[-\pi,\pi]$ 上函数 $f(x)=x^2$ 的傅里叶级数为

$$x^2=\frac{\pi^2}{3}+4\sum_{n=1}^\infty (-1)^n\frac{\cos nx}{n^2}$$，所以，令 $x=\pi$ 便得（10）式.

（三）利用概率论的方法来计算 π

在 1777 年 De. Buffon 曾经提出这样一个问题：设在一个桌面上有许多间隔距离均为 a 的平行线，如果把一个质量均匀、长度为 l（且 $l<a$）的小针随意地掷在桌面上，那么这根小针能和某一直线相交的概率是多少？

首先我们说明一下在这个具体问题中所谓概率的意义．如果我们做 $m+n$ 次试验，其中有 m 次成功（即小针和某直线相交），n 次失败（即小针和任何直线不相交），那么我们认为小针和某一直线相交这个事件出现的概率为 $p=\dfrac{m}{m+n}$.

De. Buffon 曾经指出小针和某直线相交的概率应为

$$p=\frac{2l}{\pi a}. \tag{11}$$

我们现在来证明这个结果．

因为 $l<a$，我们可以看出小针不可能和两条或两条以上直线相交．因此随便一掷小针，它或与某直线相交或与任何直线不交．我们假设直线 MN 是和小针最接近的一条平行线（如图 3 (1)），又假设小针的中点到 MN 的距离为 s，小针和 MN 的夹角为 φ，那么当且仅当 $s<\dfrac{1}{2}l\sin\varphi$ 时小针和直线相交．

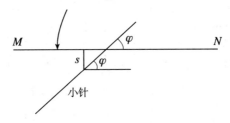

图 3 (1)

如果我们在平面上取一直角坐标系，横坐标表示角度 φ；纵坐标表示距离 s．考虑一个边长为 $\dfrac{a}{2}$ 和 π 的矩形，如图 3 (2)．在此矩形内的点的坐标 (φ, s) 满足

$$0 < s < \frac{a}{2}, \quad 0 < \varphi < \pi.$$

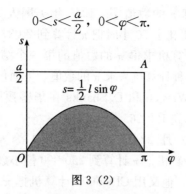

图 3（2）

那么我们每做一次试验可以在此矩形内得到一个相应的点.
并且如果这次试验结果是小针和某线相交,那么它所对应
的点应该落在有影形的区域内（见图 3（2）). 这是因为在
此区域内 $\delta < \frac{1}{2} l \sin \varphi$. 反之也是一样,即在此矩形内的任
何一点可以表示一次试验,且在阴影区域内的点表示这次
试验小针和某直线相交. 因此小针和某直线相交的概率 p
应该为

$$p = \frac{\text{阴影区域面积}}{\text{矩形面积}} = \frac{\int_0^\pi \frac{1}{2} l \sin \varphi \mathrm{d}\varphi}{\frac{a}{2} \cdot \pi} = \frac{2l}{\pi a},$$

即得公式（11).

如果我们做很多次试验,先用公式 $p = \frac{m}{m+n}$ 求出概率
p 来,然后把 p 再代入（11）式便可求出 π 的近似值. 在
1901 年意大利人 Lazzerini 曾做了 3 408 次试验找出 π 的六
位小数! 但是有些人对他能用这样少次数的试验就能求出 π
的六位小数表示怀疑.

（四）利用电子计算机来计算 π

自从 20 世纪 40 年代电子计算机诞生以来,人们就利用

计算机来计算 π 的数值了. 1949 年美国人 Reitwiesner 用 ENIAC 计算机花了 70 小时把 π 计算到 2 037 位小数. 这是人们用电子计算机求得 π 的数值的第一个结果. 以后曾有不少人利用各种计算机来求 π 的数值,下面仅举几例:

1961 年 Wrench 和 D. Shanks 在华盛顿用 IBM7000 计算机把 π 计算到 100 265 位小数;

1966 年 2 月 22 日 M. J. Guillond 等人在巴黎利用 STRETCH 计算机把 π 计算到 250 000 位小数. 恰好一年以后(1967 年),他又用 CDC6600 计算机把 π 的数值计算到 500 000 位小数.

以上我们简单地介绍了在人类历史上是如何计算 π 的数值的. 人们除了对 π 的数值进行详细的研究和计算外,对 π 这个数的性质也进行了深刻的研究. 1882 年林德曼(F. Lindemann)证明了数 π 的超越性❹,由此解决了自古以来著名的化圆为方问题的不可能性. 有关这方面的内容超出了本文所述的范围,这里不再详述了.

王申怀数学教育文选

---

❹ 所有实数可分为两类——代数数和超越数. 如果某一数是一个有理系数的代数方程的根,就叫做代数数,否则就叫超越数.

■Poincaré 模型与非欧三角学 *

众所周知，非欧（罗氏）几何的公理体系与欧氏几何的公理体系只有一条不同，即在非欧几何中欧氏平行公理不适用，代替它的是非欧平行公理："过直线外一点至少可引两条直线，与该直线不相交."为了说明非欧几何的存在，或说非欧几何公理体系的相容性，可以在欧氏平面上作出一个非欧几何的模型（或解释）.常用的就是 Poincaré 模型.下面简单介绍这种模型.

取欧氏平面 x 轴的上半平面，记作 Ω（不包括 x 轴上的点）.Ω 内的点称为"非欧点"；Ω 内圆心在 x 轴上的半圆、或 Ω 内垂直于 x 轴的半直线称为"非欧直线"；Ω 内两条"非欧直线"的夹角称为"非欧角".显然，在这模型内，结合公理和顺序公理是成立的.由图 1，不难看出任意过点 A 在阴影部分的"非欧直线"与"直线"a 是共面不交的.因此，非欧平行公理是成立的.

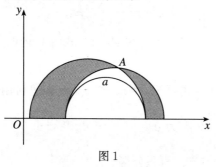

图 1

---

* 本文原载于《高等数学》，1985，1 (1)：19-23.

为了说明在 Ω 中合同公理也成立，我们引入"非欧运动"的概念．首先我们假定在欧氏平面内建立了复数坐标，即 Ω 内任一点可用一个复数 $z=x+y\mathrm{i}$（$y>0$）来表示．由复变函数论知道（可参阅 [1] 中第 3 章），分式线性变换

$$z'=\frac{az+b}{cz+d} \tag{1}$$

（其中 a，b，c，d 是实数，且 $ad-bc=1$）把 Ω 内的点变成 Ω 内的点，且是保圆、保角的．因此（1）式把 Ω 内的"非欧直线"映射成 Ω 内的"非欧直线"．又因为（1）式表示的变换形成一个群，所以它可以作为 Ω 内的"非欧运动群"（有关 Poincaré 模型中运动，可参阅 [2] 中第 9 章）．

命题 1 若 Γ 是 Ω 内的一条曲线，经过变换（1）后对应的曲线为 Γ'，则

$$\int_{\Gamma'}\frac{\mathrm{d}s'}{y'}=\int_{\Gamma}\frac{\mathrm{d}s}{y}$$

成立，其中 s 表示曲线 Γ 的弧长，s' 表示曲线 Γ' 的弧长．

证明 令 $z=x+y\mathrm{i}$，$z'=x'+y'\mathrm{i}$．由（1）式得

$$z'=\frac{(az+b)(c\bar{z}+d)}{|cz+d|^{2}}=\frac{acz\bar{z}+bd+adz+bc\bar{z}}{|cz+d|^{2}}.$$

注意 $ad-bc=1$，故得

$$y'=\frac{y}{|cz+d|^{2}}. \tag{2}$$

故当 $y>0$ 时，$y'>0$．这说明（1）式将 Ω 内的点变成 Ω 内的点．

又由（1）式得 $\dfrac{\mathrm{d}z'}{\mathrm{d}z}=\dfrac{1}{(cz+d)^{2}}$，于是利用（2）式得 $\left|\dfrac{\mathrm{d}z'}{\mathrm{d}z}\right|=\dfrac{y'}{y}$．又因为 $\mathrm{d}s=\sqrt{\mathrm{d}x^{2}+\mathrm{d}y^{2}}=|\mathrm{d}z|$，$\mathrm{d}s'=|\mathrm{d}z'|$，所以得到 $\dfrac{\mathrm{d}s'}{y'}=\dfrac{\mathrm{d}s}{y}$．再积分得

$$\int_{\Gamma'}\frac{\mathrm{d}s'}{y'}=\int_{\Gamma}\frac{\mathrm{d}s}{y}. \quad \textbf{证毕.}$$

这说明 $\int_\Gamma \dfrac{\mathrm{d}s}{y}$ 经过"非欧运动"是不变的. 因此它可以作为"非欧几何"中的弧长计算公式.

命题 2 设 z_1，z_2 是"非欧直线" L 上两点，则成立

$$\int_L \frac{\mathrm{d}s}{y} = \ln(z_1 z_2 ;\ \beta\alpha),\qquad (3)$$

其中 α，β 是"非欧直线" L 与 x 轴的交点坐标，（；）表示交比.

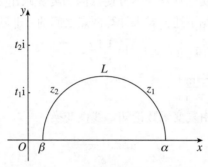

图 2

证明 考虑变换 $z' = \dfrac{a(z-\alpha)}{z-\beta}$，$\qquad(4)$

其中 $a = \dfrac{1}{\alpha-\beta}$，因为 $-a\beta + a\alpha = a(\alpha-\beta) = 1$，所以（4）式表示一个"非欧运动"，它将点 α 映射到原点 O，将点 β 映射到平面上一个无穷远点，因此把"非欧直线" L 映射成半直线 δ（即虚轴）. 如果以 $t_1\mathrm{i}$，$t_2\mathrm{i}$ 表示 z_1，z_2 的像，由命题 1 知

$$\int_L \frac{\mathrm{d}s}{y} = \int_\delta \frac{\mathrm{d}s'}{y'} = \int_{t_1}^{t_2} \frac{|\mathrm{d}y'|}{y'} = \int_{t_1}^{t_2} \frac{\mathrm{d}y'}{y'} = \ln\frac{t_2}{t_1}.$$

又因为分式线性变换保持交比不变，所以

$$(z_1 z_2 ;\ \beta\alpha) = (t_1\mathrm{i}\, t_2\mathrm{i} ;\ \infty 0) = \frac{t_2\mathrm{i}}{t_1\mathrm{i}} = \frac{t_2}{t_1}.$$

于是有

$$\int_L \frac{\mathrm{d}s}{y} = \ln(z_1 z_2\,;\,\beta\alpha). \quad \textbf{证毕.}$$

（注：命题 1 和命题 2 我们采用［3］中的证法）

这说明"非欧线段"的长度可用（3）式来计算，因此它就是 Ω 内两点 z_1，z_2 之间的"非欧距离"．若我们用 $d(z_1,\ z_2)$ 来表示这个"非欧距离"，即有

$$d(z_1,\ z_2) = \ln(z_1 z_2\,;\,\beta\alpha).$$

但上述公式实际计算并不方便（因为要先求出 α，β）．事实上，我们常用下述公式来计算两点之间的"非欧距离"．

命题 3 $\quad d(z_1,\ z_2) = \ln\dfrac{1+r}{1-r},$ \hfill (5)

其中 $r = \left| \dfrac{z_2 - z_1}{z_2 - \bar{z}_1} \right|.$

证明 由复变函数论知，线性变换

$$w = e^{\mathrm{i}\theta}\frac{z-a}{z-\bar{a}}$$

将上半平面 Ω 变成单位圆，且 Ω 内点 a 变成圆心，即原点．我们作变换

$$w = \frac{z-z_1}{z-\bar{z}_1}, \hfill (6)$$

则由线性变换是保圆的（直线看成半径为无穷大的圆），所以（6）式将 z_1 点映射成原点，将 Ω 内半圆 L 变成单位圆的直径．因此点 α，β 将映射成 -1，$+1$ 点（如图 3）．

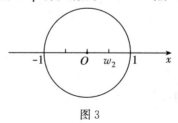

图 3

令 $w_2 = \dfrac{z_2 - z_1}{z_2 - \bar{z}_1}$，则有

$$(z_1 z_2 ;\ \beta\alpha) = (0w_2 ;\ 1-1).$$

记 $r = |w_2| = \left|\dfrac{z_2 - z_1}{z_2 - \overline{z_1}}\right|$；则

$$(0w_2 ;\ 1-1) = \frac{1+r}{1-r}.$$

因此得到

$$d(z_1,\ z_2) = \ln(z_1 z_2 ;\ \beta\alpha) = \ln(0w_2 ;\ 1-1) = \ln\frac{1+r}{1-r}.\ \textbf{证毕.}$$

下面我们利用 Poincaré 模型来导出非欧三角学中的正弦定理和余弦定理.

命题 4 设在 $\triangle ABC$ 中用 a，b，c 表示三边长（非欧长度）．A，B，C 表示三内角，则成立（参阅 [4] 中第五章或 [5] 中第 6 章）

$$\frac{\sin A}{\text{sh } a} = \frac{\sin B}{\text{sh } b} = \frac{\sin C}{\text{sh } c} \quad (\text{正弦定理}). \tag{7}$$

$$\text{ch } a = \text{ch } c \cdot \text{ch } b - \text{sh } c \cdot \text{sh } b \cdot \cos A \quad (\text{余弦定理}). \tag{8}$$

为了证明非欧正弦定理和余弦定理，我们先证明下述命题.

命题 5 设 $\triangle ABC$ 是非欧直角三角形，$\angle C$ 是直角，a，b 表示直角边长，c 表示斜边长，则成立

$$\text{sh } a = \text{sh } c \cdot \sin A \quad (\text{或 sh } b = \text{sh } c \cdot \sin B), \tag{9}$$

$$\text{ch } c = \text{ch } a \cdot \text{ch } b, \tag{10}$$

$$\text{th } a = \text{sh } b \cdot \tan A \quad (\text{或 th } b = \text{sh } a \cdot \tan B), \tag{11}$$

$$\text{th } a = \text{th } c \cdot \cos B \quad (\text{或 th } b = \text{th } c \cdot \cos B). \tag{12}$$

证明 不失一般性，我们在 Poincaré 模型中取一条半直线及两个半圆组成的直角"三角形"来讨论. 如图 4 所示.

我们仍采用复数坐标，不妨设"非欧直线" BC 是圆心在原点，半径为 r 的半圆；"非欧直线" AB 是半径为 R 的

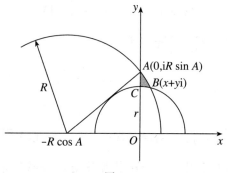

图 4

半圆. 那么易知 A 点的坐标为 $(0, iR\sin A)$, C 点的坐标为 $(0, ri)$.

设 $B(x+yi)$, 显然 (x, y) 适合方程组

$$\begin{cases} x^2+y^2=r^2, \\ (x+R\cos A)^2+y^2=R^2. \end{cases} \tag{13}$$

利用"非欧距离"计算公式 (5) 及 (13) 式中第一式, 可得

$$a=d(B, C)=d(x+yi, ri)$$

$$=\ln\frac{1+\left|\dfrac{x+(y-r)i}{x+(y+r)i}\right|}{1-\left|\dfrac{x+(y-r)i}{x+(y+r)i}\right|}=\ln\frac{1+\sqrt{\dfrac{r-y}{r+y}}}{1-\sqrt{\dfrac{r-y}{r+y}}}$$

$$=\ln\frac{\sqrt{r+y}+\sqrt{r-y}}{\sqrt{r+y}-\sqrt{r-y}}=\ln\frac{r+x}{y}. \tag{14}$$

同样利用公式 (5) 及 (13) 式中第二式经过计算 (请读者自己补出), 可得

$$c=d(B, A)=d(x+yi, iR\sin A)$$

$$=\ln\frac{R\sin^2 A-x\cos A+x}{y\sin A}, \tag{15}$$

$$b=d(A, C)=\ln(R\sin A, ri)$$

$$=\ln\frac{R\sin A}{r}. \tag{16}$$

由（14）（15）（16）式得到

$$e^a = \frac{r+x}{y}, \quad e^b = \frac{R\sin A}{r}, \quad e^c = \frac{R\sin^2 A - x\cos A + x}{y\sin A},$$

再利用（13）式得

$$\operatorname{sh} a = \frac{1}{2}(e^a - e^{-a}) = \frac{1}{2}\left(\frac{r+x}{y} - \frac{y}{r+x}\right) = \frac{x}{y}. \tag{17}$$

同理，经过计算可得

$$\operatorname{sh} b = \frac{1}{2}(e^b - e^{-b}) = \frac{x}{r}\cot A, \tag{18}$$

$$\operatorname{sh} c = \frac{1}{2}(e^c - e^{-c}) = \frac{x}{y\sin A}. \tag{19}$$

由（17）（19）两式得 $\operatorname{sh} a = \operatorname{sh} c \cdot \sin A$，即（9）式（交换 A，B 字母，即得 $\operatorname{sh} b = \operatorname{sh} c \cdot \sin B$）. 利用（17）（18）（19）式及关系式 $\operatorname{ch}^2 x - \operatorname{sh}^2 x = 1$，便可推出（10）式.

另外，由 $e^a = \dfrac{r+x}{y}$ 可知 $\operatorname{th} a = \dfrac{x}{r}$，代入（18）式便得（11）式，再由（9）（10）（11）式可推出（12）式. **证毕.**

现在我们来证明非欧三角学中的正弦定理与余弦定理.

如图 5 所示，对直角 $\triangle ACD$ 和直角 $\triangle BCD$ 分别利用（9）式得

$$\operatorname{sh} b \sin A = \operatorname{sh} d,$$
$$\operatorname{sh} a \sin B = \operatorname{sh} d,$$

因此 $\dfrac{\sin A}{\operatorname{sh} a} = \dfrac{\sin B}{\operatorname{sh} b}$，类似地可以证

明 $\dfrac{\sin B}{\operatorname{sh} b} = \dfrac{\sin C}{\operatorname{sh} c}$，所以推出（7）

式，即正弦定理.

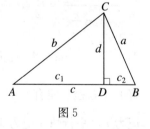

图 5

对直角 $\triangle ACD$ 及直角 $\triangle BCD$ 利用（10）式得

$$\operatorname{ch} b = \operatorname{ch} d \cdot \operatorname{ch} c_1, \quad \operatorname{ch} a = \operatorname{ch} d \cdot \operatorname{ch} c_2,$$

又因为 $c_2 = c - c_1$，所以

$$\operatorname{ch} c_2 = \operatorname{ch}(c - c_1) = \operatorname{ch} c \cdot \operatorname{ch} c_1 - \operatorname{sh} c \cdot \operatorname{sh} c_1,$$

将上式两边乘 ch d，再利用（10）式得

$$\operatorname{ch} a = \operatorname{ch} c \cdot \operatorname{ch} b - \operatorname{sh} c \, \frac{\operatorname{sh} c_1}{\operatorname{ch} c_1} \cdot \operatorname{ch} b,$$

利用（12）式，上式化为

$$\operatorname{ch} a = \operatorname{ch} c \cdot \operatorname{ch} b - \operatorname{sh} c \cdot \operatorname{ch} b \cdot \operatorname{th} b \cdot \cos A$$
$$= \operatorname{ch} c \cdot \operatorname{ch} b - \operatorname{sh} c \cdot \operatorname{sh} b \cdot \cos A,$$

即为余弦定理. **证毕.**

利用命题 5，容易导出非欧几何中的罗巴切夫斯基函数.

设 $\triangle ABC$ 中，$\angle C$ 是直角，如果让 $CB \to \infty$，那么 $\overrightarrow{AB} /\!/ \overrightarrow{CB}$，因此 $\angle A = \alpha$ 就是平行角，$b = AC$ 就是平行距. 我们把（11）式 $\operatorname{th} a = \operatorname{sh} b \cdot \tan A$ 中的 $a \to \infty$，因为此时 $\operatorname{th} a \to 1$，因此得到

$$1 = \operatorname{sh} b \cdot \tan \alpha,$$

或

$$\frac{1}{\tan \alpha} = \frac{1}{2}(e^b - e^{-b}).$$

于是

$$\frac{1 - \tan^2 \dfrac{\alpha}{2}}{2\tan \dfrac{\alpha}{2}} = \frac{1}{2}(e^b - e^{-b}),$$

即

$$\tan^2 \frac{\alpha}{2} + \tan \frac{\alpha}{2} \cdot (e^b - e^{-b}) - 1 = 0.$$

解上述方程，便有 $\tan \dfrac{\alpha}{2} = e^{-b}$. 因此，如果我们把平行距 b 记为 x，平行角 α 记为 $\Pi(x)$. 就得到

$$\Pi(x) = 2\arctan e^{-x}.$$

这就是著名的罗巴切夫斯基函数.

图 6

参考文献

［1］普里瓦洛夫. 闵嗣鹤，等译. 复变函数引论. 北京：人民教育出版社，1956.

［2］M. J. Greenberg. Euclidean and Non-Euclidean Geometry. Freeman and Compang San Francisco，1980.

［3］朱德祥. 关于罗巴切夫斯基几何的庞加莱模型. 全国高等几何会议报告（未发表）. 广州，1984.

［4］科士青. 苏步青，译. 几何学基础（第3版）. 北京：商务印书馆，1956.

［5］项武义，王申怀，潘养廉. 古典几何学. 上海：复旦大学出版社，1986.

一、几何与初等数学研究

■关于凸闭曲面的一个定理 *

在苏步青教授所著《微分几何五讲》一书中提到了 Minkowski 问题：设 S 和 S^* 为 E^3 中的两个凸闭曲面，假定有一个 S 到 S^* 的可微映射 f，使 S 和 S^* 的对应点都有相同的单位法向量和相等的 Gauss 曲率，那么 f 是 $S \to S^*$ 的合同映射. 本文把这个定理的条件稍加改变，即把 Gauss 曲率改为平均曲率，这个结论还是成立的.

定理 设 S 和 S^* 是 E^3 中的两个凸闭曲面，若有一可微映射 $\varphi: S \to S^*$，使对应点都有相等的平均曲率和相同的单位法向量，则 φ 是 $S \to S^*$ 的合同映射.

以下采用的记号及公式均见 [2].

证明 设 $(\sum_\alpha, h_\alpha)$ 是 S 的一个坐标图，(u_1, u_2) 是 S 的局部坐标，那么 $(\varphi(\sum_\alpha), h_\alpha^0 \varphi^{-1})$ 可以作为 S^* 的一个坐标图. 设在此坐标图下，$\sum_\alpha$ 用 $r(u^1, u^2)$ 表示，即 $r(u^1, u^2)$ 是曲面 S 在此局部坐标系下的参数方程. $\sum_\alpha^* = \varphi(\sum_\alpha)$ 用 $r^*(u^1, u^2)$ 表示，它们的法向量分别用 n 和 n^* 来表示. 由假设条件对应点有相同的单位法向量，所以 $\varphi(n) = n^* = n$. 在不失一般性之下我们可以假定：在对应点对应参数曲线的单位切向量相同（即 $e_\alpha^* = e_\alpha$，$\alpha = 1, 2$，见 [1] 118），因此在曲面 $\sum_\alpha^*$ 上，我们总可以选取到适当的局部坐标使 $r_1^* /\!/ r_1$，$r_2^* /\!/ r_2$（见 [2] 79）. 即有

$$r_1 = \lambda_1 r_1^*, \quad r_2 = \lambda_2 r_2^*, \tag{1}$$

---

* 本文原载于《高等数学》，1986，2（2）：183-184.

我们把这局部坐标仍记为 (u^1, u^2).

由曲面论基本方程知

$$\boldsymbol{r}_{ij} = \Gamma_{ij}^l \boldsymbol{r}_i + \Omega_{ij} \boldsymbol{n};$$

$$\boldsymbol{r}_{ij}^* = \Gamma_{ij}^{*\,l} \boldsymbol{r}_i^* + \Omega_{ij}^* \boldsymbol{n}, \tag{2}$$

其中 Γ_{ij}^l，$\Gamma_{ij}^{*\,l}$ 和 Ω_{ij}，Ω_{ij}^* 分别为 $\sum_\alpha$ 和 $\sum_\alpha^*$ 的克氏记号和第二基本形式系数.

另一方面，由（1）式知

$$\boldsymbol{r}_{ij} = \lambda \boldsymbol{r}_{ij}^* + \frac{\partial \lambda_i}{\partial u_j} \boldsymbol{r}_i^*，（对 i 不作和）$$

因此有

$$\boldsymbol{r}_{ij} = \Gamma_{ij}^l \boldsymbol{r}_1 + \Omega_{ij} \boldsymbol{n}$$

$$= \lambda_i \boldsymbol{r}_{ij}^* + \frac{\partial \lambda_i}{\partial u^j} \boldsymbol{r}_i^*$$

$$= \lambda_i (\Gamma_{ij}^{*\,l} \boldsymbol{r}_l^* + \Omega_{ij}^* \boldsymbol{n}) + \frac{\partial \lambda_i}{\partial u^j} \boldsymbol{r}_i^*$$

$$= \lambda_i \sum_l \lambda_l \Gamma_{ij}^{*\,l} \boldsymbol{r}_l + \lambda_i \Omega_{ij}^* \boldsymbol{n} + \frac{\partial \lambda_i}{\partial u^j} \lambda_i \boldsymbol{r}_i.$$

（对 i 不作和） $\tag{3}$

比较向量 $\boldsymbol{n}$ 的系数得

$$\Omega_{ij} = \lambda_i \Omega_{ij}^*.$$

因此从 $\Omega_{12} = \lambda_1 \Omega_{12}^*$，$\Omega_{21} = \lambda_2 \Omega_{21}^*$ 及 $\Omega_{12} = \Omega_{21}$，$\Omega_{12}^* = \Omega_{21}^*$，可知 $\lambda_1 = \lambda_2$. 所以不妨假设 $\lambda_1 = \lambda_2 = \lambda$，即有

$$\boldsymbol{r}_i = \lambda \boldsymbol{r}_i^*，\quad \Omega_{ij} = \lambda \Omega_{ij}^*,$$

再由（3）式知道

$$\Gamma_{ij}^l \boldsymbol{r}_l = \lambda^2 \Gamma_{ij}^{*\,l} \boldsymbol{r}_l + \lambda \frac{\partial \lambda}{\partial u^j} \boldsymbol{r}_i$$

或 $\Gamma_{ij}^1 \boldsymbol{r}_1 + \Gamma_{ij}^2 \boldsymbol{r}_2 = \lambda^2 \Gamma_{ij}^{*\,1} \boldsymbol{r}_1 + \lambda^2 \Gamma_{ij}^{*\,2} \boldsymbol{r}_2 + \lambda \frac{\partial \lambda}{\partial u^j} \boldsymbol{r}_i.$

比较 $\boldsymbol{r}_1$ 前的系数得

$$\Gamma_{1j}^1 = \lambda^2 \Gamma_{1j}^{*\,1} + \lambda \frac{\partial \lambda}{\partial u^j},$$

$$\Gamma^1_{2j}=\lambda^2\Gamma^{*\,1}_{2j},$$

由前一式知

$$\Gamma^1_{12}=\lambda^2\Gamma^{*\,1}_{12}+\lambda\frac{\partial\lambda}{\partial u^2}.$$

由后一式知

$$\Gamma^1_{21}=\lambda^2\Gamma^{*\,1}_{21}.$$

但是 $\qquad\Gamma^1_{12}=\Gamma^1_{21},\ \Gamma^{*\,1}_{12}=\Gamma^{*\,1}_{21},$

因此得到 $\lambda\dfrac{\partial\lambda}{\partial u^2}=0$. 又因为 $\lambda\neq0$，故有 $\dfrac{\partial\lambda}{\partial u^2}=0$. 同样可证

$\dfrac{\partial\lambda}{\partial u^1}=0$. 因此 λ 为常数. 于是得到在对应点成立

$$\boldsymbol{n}=\boldsymbol{n}^*,\ \boldsymbol{r}_i=\lambda\boldsymbol{r}_i^*,\ \Omega_{ij}=\lambda\Omega_{ij}^*.\qquad(4)$$

其中 λ 为常数.

又因为 $g_{ij}=\boldsymbol{r}_{ij}\cdot\boldsymbol{r}_j$，$g_{ij}^*=\boldsymbol{r}_i^*\cdot\boldsymbol{r}_j^*$，故有

$$g_{ij}=\lambda^2g_{ij}^*,\ g=\lambda^4g^*\qquad(5)$$

其中 $g=\det(g_{ij})$，$g^*=\det(g_{ij}^*)$.

如果对应点有相等的平均曲率，那么成立

$$\frac{\Omega_{11}g_{22}-2\Omega_{12}g_{12}+\Omega_{22}g_{11}}{g}=\frac{\Omega_{11}^*g_{11}^*-2\Omega_{12}^*g_{12}^*+\Omega_{22}^*g_{11}^*}{g^*}.$$

因为 S 和 S^* 为凸闭曲面，即 Gauss 曲率 $K>0$，所以平均曲率 $H\neq0$，故上式中分子不为零. 把 (4) (5) 两式代入得到

$$\frac{1}{\lambda}=1,\ \text{即}\ \lambda=1.$$

于是 (5) (4) 式化为

$$g_{ij}=g_{ij}^*,\ \Omega_{ij}=\Omega_{ij}^*.$$

再由曲面论基本定理可知 $\varphi:\sum_\alpha\to\sum_\alpha^*$ 必为合同映射，而凸闭曲面是紧致可定向的曲面，故映射 φ 可以从一个坐标邻域 $\sum_\alpha$ 扩充到整个曲面，即 $\varphi:S\to S^*$ 是合同映射. **证毕**.

由这个定理可以立刻推出一个已知的结果：常数平均

曲率的凸闭曲面必为球面.

证明 设 S 是常数平均曲率为 H 的凸闭曲面. 由 Hadamard 定理[3]知 n：$S \rightarrow S^2$（单位球面）的 Gauss 映射是 $1-1$ 可微的，显然在 Gauss 映射下 S 的法向量与球面 S^2 的法向量是一致的. 再作一个与 S^2 同心的球面 S^*，使它的平均曲率也是 H，显然有 $1-1$ 可微映射 f：$S^2 \rightarrow S^*$ 使 S^2 的法向量与 S^* 的法向量是一致的，故映射 $f \circ n$：$S \rightarrow S^*$ 是 $1-1$ 可微的，且使对应点的法向量与 S^* 的法向量一致，再由此定理可知 $f \circ n$ 必为一合同映射，所以 S 本身就是一个球面.

参考文献

[1] 苏步青. 微分几何五讲. 上海：上海科学技术出版社，1979.

[2] 苏步青，胡和生，等. 微分几何. 北京：人民教育出版社，1979.

[3] W. Klingenberg. A course in differential geometry. Springer-Verlag，1978.

一、几何与初等数学研究

■化二次射影几何问题为初等几何问题*

众所周知，有关一次射影几何的某些问题可以把某条直线投射到无穷远后，化为初等几何问题加以解决. 例如帕普斯（Pappus）定理：

如图 1，设 A_1，B_1，C_1 和 A_2，B_2，C_2 分别是直线 l_1 和 l_2 上任意三点，P，Q，R 是 A_1B_2 与 A_2B_1；A_1C_2 与 A_2C_1；B_1C_2 与 B_2C_1 的交点，则 P，Q，R 三点共线.

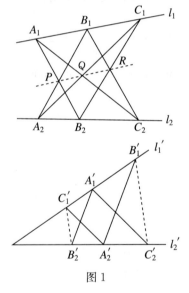

图 1

　＊ 本文原载于《数学通报》，1993（4）：41-43.

如果我们作一中心投影，把直线 PQ 投射到无穷远后，那么帕普斯定理化为下述初等几何问题：

若 A_1'，B_1'，C_1' 和 A_2'，B_2'，C_2' 分别在直线 l_1' 和 l_2' 上，且 $A_1'B_2'\parallel A_2'B_1'$；$A_1'C_2'\parallel A_2'C_1'$，则 $B_1'C_2'\parallel B_2'C_1'$.

笛沙格定理也可以用把某直线投射到无穷远后加以证明. 如图 2 中，将直线 PQ 投射到无穷远后，笛沙格定理就化为下述初等几何问题：（详细证明见〔1〕166-168）

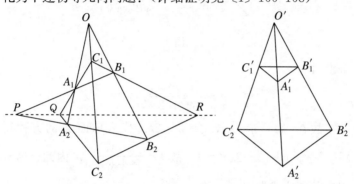

图 2

若 $A_1'B_1'\parallel A_2'B_2'$，$A_1'C_1'\parallel A_2'C_2'$，且 $A_1'A_2'$，$B_1'B_2'$，$C_1'C_2'$ 共点，则 $B_1'C_1'\parallel B_2'C_2'$.

那么，自然会提出这样的问题：有关二次射影几何问题是否也可以用投射到无穷远的方法把问题化为初等几何问题. 答案是肯定的. 为此我们需要下面三个引理.

引理 1 球极射影❶把球面 Σ 上每一个圆变成平面 π 上的一个圆或一条直线.

证明 设 Σ：$\xi^2+\eta^2+(\zeta-1)^2=1$，$N(0,0,2)$，球极射影 f：$\Sigma\rightarrow xy$ 面（见图 3）.

设 $P(\xi,\eta,\zeta)\in\Sigma$，$P'$ 是 P 点的像，令 $P'(x,y,0)$

---

❶ 设 Σ 是单位球面，方程为 $\xi^2+\eta^2+(\zeta-1)^2=1$. 以 $N(0,0,2)$ 为中心，把 Σ 上点 P 投射到 xy 面上，此射影称为球极射影.

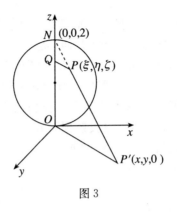

图 3

显然有

$$\frac{\xi}{x}=\frac{\eta}{y}=\frac{2-\zeta}{2}=\lambda,$$

故 $\xi=\lambda x$，$\eta=\lambda y$，$\zeta=2-2\lambda$. 代入球面 Σ 的方程得 $\lambda^2(x^2+y^2)+(1-2\lambda)^2=1$. 故 $\lambda=\dfrac{4}{x^2+y^2+4}$. 因此，球极射影的表达式为

$$\begin{cases} \xi=\dfrac{4x}{x^2+y^2+4}, \\[2mm] \eta=\dfrac{4y}{x^2+y^2+4}, \\[2mm] \zeta=\dfrac{2(x^2+y^2)}{x^2+y^2+4}. \end{cases}$$

因为 Σ 上的圆可用平面 $A\xi+B\eta+C\zeta+D=0$ 截得，所以此圆经球极射影后，在 xy 面上的图形为

$$4Ax+4By+2C(x^2+y^2)+D(x^2+y^2+4)=0,$$

即 $(2C+D)(x^2+y^2)+4Ax+4By+4D=0$.

因此，若 $2C+D\neq0$，此时 Σ 上的圆变成 xy 面上的圆. 若 $2C+D=0$（此时平面 $A\xi+B\eta+C\zeta+D=0$ 过 N 点），此时 Σ 的圆变成 xy 面上的直线.

引理 2 设 S 是平面 π 上一圆，l 是 π 上不与 S 相交的

直线，则必存在从 π 到另一平面 π' 的中心射影，把 S 变成 π' 上的圆 S'，且把 l 变成 π' 上的无穷远直线.

证明 过圆 S 任意作一球面 Σ，再过 l 作一与 Σ 相切的平面 π_1. 设 π_1 与 Σ 切于 O 点，OO' 为球 Σ 的直径，O' 为 O 的对径点. 过 O' 作一与 Σ 相切的平面 π'，显然 $\pi' /\!/ \pi_1$. 再以 O 为中心把 π 投射到 π' 上，即此投影是球面 Σ 到 π' 的球极射影，由引理 1，此投影把圆 S 变成 π' 上的一个圆. 另一方面，因为 l 是 π 与 π_1 的交线，$\pi_1 /\!/ \pi'$，故在此中心射影下 l 变成 π' 上的无穷远线.（请读者自己画出图）

引理 3 设 S 是 π 上一个圆，Q 是 S 内任意点，则必存在一个中心投影把 π 上圆 S 变成另一平面 π' 上的圆 S'，且把 Q 变成 S' 的圆心.

证明 过 Q 点任作两弦 AC，BD（使 $ABCD$ 不成梯形），设 AB 与 CD 交于 E 点，AD 与 BC 交于 F 点，则直线 $EF = l$ 在 S 外，由引理 2，必存在一个中心射影把 π 上圆 S 变成 π' 上圆 S'，且把直线 EF 变成 π' 上无穷远线. 因此 π 上四边形 $ABCD$ 变成 π' 上平行四边形 $A'B'C'D'$，但 A'，B'，C'，D' 在圆 S' 上，故 $A'B'C'D'$ 是矩形，此时 AC 与 BD 的交点 Q 就变成 $A'C'$ 与 $B'D'$ 的交点，即 π' 上圆 S' 的圆心.

有了上述三个引理，就可以把某些二次射影几何问题化为初等几何问题来证明. 例如，帕斯卡（Pascal）定理：

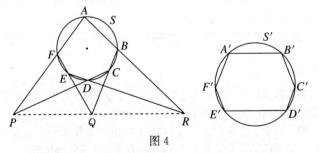

图 4

如图 4，设 P，Q，R 是圆 S 内接六边形 $ABCDEF$❷对边的交点，不妨设 PQ 不与圆 S 相交❸，由引理 2，存在一个中心射影，把 S 变成圆 S'，且把 PQ 变成无穷远线，则帕斯卡定理化为下述初等几何问题：

若圆 S' 内接六边形 $A'B'C'D'E'F'$ 有 $A'F' \parallel C'D'$ 和 $B'C' \parallel E'F'$，则 $A'B' \parallel E'D'$。

布利安雄（Brianchon）定理也可以化为初等几何问题。

如图 5，设 $ABCDEF$ 是圆 S 的外切六边形，AD，BE 相交于 Q 点，由引理 2，存在一个中心投影把 S 变成圆 S'，且 Q 点变成 S' 的圆心 O'，则布利安雄定理化为：

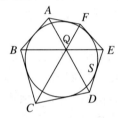 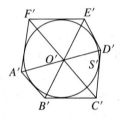

图 5

若圆 S' 外接六边形 $A'B'C'D'E'F'$ 中 $A'D'$ 与 $B'E'$ 相交于圆心 O'，则 $C'F'$ 也过圆心 O'。

上述所提到的几个初等几何问题都是容易证明的，这里不再叙述了。

附记：运用透射（中心投影）的方法，把一个复杂图形与一个简单图形建立射影对应，再根据射影对应下不变性，从简单图形的性质来推断较复杂图形的性质，如把圆锥

---

❷ 因为任意二次曲线经过一个中心投影后总可以变成圆，所以我们只需对圆内接六边形的情况加以证明。

❸ 若 PQ 与圆相交，我们总可以作一射影变换，改变六点 $ABCDEF$ 的顺序，使对边交点 P，Q，R 在二次曲线的外部。

曲线的问题变为圆的问题，把四边形变成平行四边形等．这是彭赛列（Poncelet）研究射影几何的主要方法（见［2］512），可惜在目前高等几何教科书中或在师范院校的高等几何教学中都忽视了这个方法．

参考文献

［1］项武义，王申怀，潘养廉．古典几何学．上海：复旦大学出版社，1986.

［2］朱学志，周金才，高沛田，韩殿发．数学的历史、思想和方法．哈尔滨：哈尔滨出版社，1990.

31

一、几何与初等数学研究

■正弦定理与欧氏平行公理的等价性 *

本人在《数学通报》1991 年第 11 期上发表过一篇短文，证明了正弦定理与余弦定理是等价的．但在从正弦定理导出余弦定理时，用了一个条件，即△ABC 的内角和为π．因此有些读者就问这个条件能否去掉．若不能去掉就不能说正弦定理与余弦定理是等价的．问题提得好．首先我们要明确什么叫命题的等价性？所谓命题等价的概念是必须建立在某组公理之上，即在公理体系 $\sum$ 的基础上，命题 A 与命题 B 等价．这样，我们可以在关联公理 I_{1-8}，顺序公理 II_{1-4}，合同公理 III_{1-5} 和连续公理 V_{1-2}（这里采用希尔伯特的公理体系，可参阅［2］第一章）的基础上证明正弦定理 $\dfrac{\sin A}{a}=\dfrac{\sin B}{b}=\dfrac{\sin C}{c}$ 是与欧氏平行公理 IV 是等价的．

一般由公理 I，II，III，V 所建立起来的几何称为绝对几何．于是我们可以证明下述命题：

在绝对几何基础上，正弦定理 $\dfrac{\sin A}{a}=\dfrac{\sin B}{b}=\dfrac{\sin C}{c}$ 与欧氏平行公理是等价的．

证明　由欧氏平行公理可以导出正弦定理，这就是一般中学数学教科书中的证明．下面将证明如果在△ABC 中

＊　本文原载于《数学通报》，1993（7）：25.

有 $\dfrac{\sin A}{a}=\dfrac{\sin B}{b}=\dfrac{\sin C}{c}$ 成立，则 $\triangle ABC$ 的内角和等于 π.

用反证法. 假设 $\triangle ABC$ 的内角和不等于 π, 因为在绝对几何中三角形内角和小于或等于 π（见［2］35 或［3］113），故必有 $\triangle ABC$ 内角和小于 π. 故罗氏平行公理必成立（见［3］132，140）. 于是成立罗氏正弦定理（见［4］153）

$$\dfrac{\sin A}{\operatorname{sh} a}=\dfrac{\sin B}{\operatorname{sh} b}=\dfrac{\sin C}{\operatorname{sh} c}\ （这里\ \operatorname{sh} x\ 表示双曲函数）.$$

但由已知条件在 $\triangle ABC$ 中成立 $\dfrac{\sin A}{a}=\dfrac{\sin B}{b}=\dfrac{\sin C}{c}$，因此得出

$$\dfrac{\operatorname{sh} a}{a}=\dfrac{\operatorname{sh} b}{b}=\dfrac{\operatorname{sh} c}{c}.$$

令 $f(x)=\dfrac{\operatorname{sh} x}{x}$，今证函数 $f(x)$ 是严格单调上升的. 因为 $f'(x)=\dfrac{x\operatorname{ch} x-\operatorname{sh} x}{x^2}(0<x<+\infty)$，令 $g(x)=x\operatorname{ch} x-\operatorname{sh} x$，则 $g'(x)=x\operatorname{sh} x>0$，又因为 $g(0)=0$，故对任何 $x>0$，成立 $g(x)>0$. 于是 $f'(x)>0$，即 $f(x)$ 是严格单调上升函数，所以从等式 $\dfrac{\operatorname{sh} a}{a}=\dfrac{\operatorname{sh} b}{b}=\dfrac{\operatorname{sh} c}{c}$ 便可推出 $a=b=c$，即 $\triangle ABC$ 是等边三角形，但在罗氏几何中存在不等边的 $\triangle ABC$，因此得出矛盾. 所以 $\triangle ABC$ 内角和等于 π，**证毕**.

上述证明得到傅章秀先生的启发与帮助，在此表示衷心的感谢.

参考文献

［1］王申怀. 正弦定理与余弦定理的关系. 数学通报，1991（11）：26.

［2］希尔伯特. 江泽涵，朱鼎勋，译. 几何基础（第二版）上

册. 北京：科学出版社，1987.

　[3] 傅章秀，几何基础. 北京：北京师范大学出版社，1984.

　[4] 项武义，王申怀，潘养廉. 古典几何学. 上海：复旦大学出版社，1986.

王申怀数学教育文选

■面积与体积 *

什么叫多边形的面积？这个问题不太容易回答. 我们先来看一下矩形的情况. 为了确定一个矩形的面积，可以拿一个边长为 1 的正方形（称它为单位正方形）来测量矩形. 如图 1，得到 6（单位正方形）还剩下 3 个小矩形 $EBIH$，$FDGH$ 和 $CFHI$. 然后，再拿边长为 $\frac{1}{10}$ 的小正方形（即 $\frac{1}{10^2}$ 的单位正方形）去测量余下的部分，这样又得到一个数，如果量尽了余下部分，那么这两个数相加便是矩形 $ABCD$ 的面积（如果量不尽再继续下去）. 可以知道，这个数值就是拿单位长度去测量矩形 $ABCD$ 的两边长得到的数值再相乘，即

命题 1 规定以单位线段为一边的正方形面积为 1，则矩形的面积等于长×宽.

下面我们讨论三角形的面积.

设 D，E 是 $\triangle ABC$ 的边 AB 及 AC 的中点，AF，BG 和 CH 垂直于 DE（F，G，H 是垂足）. 因此，$\triangle ADF \cong \triangle BDG$，$\triangle AEF \cong \triangle CEH$. 可以认为 $\triangle ADF$ 面积 $= \triangle BDG$ 面积，$\triangle AEF$ 面积 $= \triangle CEH$ 面积，且 $BCHG$ 面积 $= (\triangle BDG + BCED + \triangle CEH)$ 面积. 又因为矩形 $BCHG$ 的一边长 BG 等于 $\triangle ABC$ 的高 AI 的一半，所以矩形 $BCHG$ 的面积等于 $\frac{1}{2}(BC \times AI)$ 因此有

* 本文原载于《数学通报》，1996（11）：39-42.

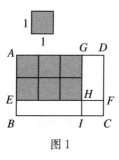

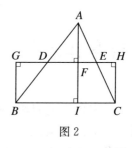

图1　　　　　　　　　　　图2

命题 2　规定以单位线段为一边的正方形面积为 1，则三角形的面积等于 $\dfrac{1}{2}$（底×高）.

由上述命题可知，两三角形底×高相等其面积必相等，但是它们不一定全等的. 而两个全等的三角形其面积必然相等，因此有必要考虑等积与全等这两者之间的关系. 为此我们引入一个新的概念——组成相等.

定义　若两个三角形都能剖分成相同个数的小三角形，而这些小三角形成对的互相全等，这两个三角形称为组成相等或称剖分相等.

由上述定义容易得到

推论 1　如果 D 是 $\triangle ABC$ 的 BC 边的中点，则 $\triangle ABD$ 和 $\triangle ACD$ 组成相等.

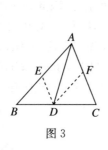

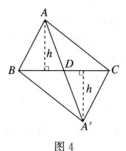

图3　　　　　　　　　　　图4

证明　如图 3，设 E，F 分别为 AB，AC 的中点，则 $\triangle ADE \cong \triangle ADF$，$\triangle BDE \cong \triangle CDF$. 所以 $\triangle ABD$ 与

△ACD 组成相等.

推论 2　等底等高的三角形组成相等.

证明　移动其中一个三角形使得两三角形的底重合，顶点分别在底边两侧，如图 4，连接顶点 AA' 交底边于 D，则 $AD=A'D$. 所以 $\triangle ABD$ 和 $\triangle A'BD$ 组成相等，$\triangle ACD$ 和 $\triangle A'CD$ 组成相等，因此，$\triangle ABC$ 和 $\triangle A'BC$ 组成相等.

显然，两个组成相等的三角形面积一定相等，现在问面积相等的三角形是否一定组成相等？

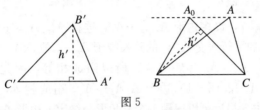

图 5

命题 3　等面积的三角形必组成相等.

证明　如图 5，设 $\triangle ABC$ 和 $\triangle A'B'C'$ 的面积相等，过 A 作 BC 的平行线，以 C 为圆心，$C'A'$ 为半径作圆交此平行线于 A_0，则 $A'C'=A_0C$，且 $\triangle A_0BC$ 面积 $=\triangle ABC$ 面积 $=\triangle A'B'C'$ 面积.

$\triangle A'B'C'$ 和 $\triangle A_0BC$ 的面积相等，底 $A'C'$ 和 A_0C 相等. 因此高也相等. $\triangle A'B'C'$ 和 $\triangle A_0BC$ 等底等高，因此组成相等. 另一方面，$\triangle A_0BC$ 和 $\triangle ABC$ 也等底等高，也组成相等. 因此，$\triangle ABC$ 和 $\triangle A'B'C'$ 组成相等（严格说来，需要先证明组成相等这个关系具有传递性. 这是可以证明的，可参阅 [1] 61).

有了三角形的面积，我们就可以规定多边形的面积了. 因为任何一个多边形都可以用对角线把它分成若干个三角形拼成. 如图 6，五边形 $ABCDE$ 可以看成由 $\triangle ABC$，$\triangle ACD$，$\triangle ADE$ 拼成. 因此我们规定多边形的面积为这些三角形面积之和（严格说来，需要先证明这样规定多边形面积与剖分成三角形的方法无关. 可参阅［2］214).

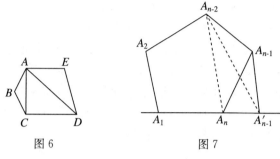

图6　　　　　　　　　　图7

如图 7，设多边形 $A_1A_2\cdots A_n$，连接 $A_{n-2}A_n$，过 A_{n-1} 作 $A_{n-2}A_n$ 的平行线交 A_1A_n 的延长线于 A'_{n-1}，则 $\triangle A_{n-2}A_{n-1}A_n$ 和 $\triangle A_{n-2}A'_{n-1}A_n$ 等底等高，所以组成相等，因此 n 边形 $A_1A_2\cdots A_n$ 和（$n-1$）边形 $A_1A_2\cdots A'_{n-1}$ 组成相等，类似地继续下去，最后可以得到一个三角形与给定 n 边形 $A_1A_2\cdots A_n$ 组成相等，因此有

命题 4　等面积的多边形组成相等.

于是我们可以得出这样的结论：对多边形来说面积相等却未必全等，但是等积和全等这两个概念相差不大，因为我们总可以将两个等积的多边形剖分成许多小的三角形，使这些小三角形是对应全等的.

在上述讨论过程中，我们承认了下面两个事实：（1）如果两个多边形全等，则其面积相等；（2）如果把一个多边形剖分成两个多边形，则原来多边形面积等于剖分后两个多边形面积之和. 因此现在我们可以给多边形的面积下一个定义：

定义　设 $\{P\}$ 是平面上多边形集合，多边形的面积是定义在此集合上的实值函数

$$A:\{P\}\to\mathbf{R}, \qquad\qquad P\to A(P),$$

A 满足以下条件：

（1）$A(P)\geqslant0$，且 $A(P)=0$ 当且仅当 $P=\varnothing$；

（2）全等不变性：若多边形 $P_1 \cong P_2$，则 $A(P_1) = A(P_2)$；

（3）可加性：若多边形 P 由多边形 P_1 和多边形 P_2 拼成，则 $A(P) = A(P_1) + A(P_2)$.

类似于多边形面积的概念，我们就可以定义多面体的体积如下：

定义 设 $\{P\}$ 为空间中多面体的集合，多面体的体积是定义在此集合上的实值函数

$$V: \{P\} \to \mathbf{R}, \qquad P \to V(P),$$

V 满足以下条件：

（1）$V(P) \geqslant 0$，$V(P) = 0$ 当且仅当 $P = \varnothing$；

（2）全等不变性：若多面体 P_1 和多面体 P_2 全等，则 $V(P_1) = V(P_2)$；

（3）可加性：设多面体 P 剖分成 P_1 和 P_2，则 $V(P) = V(P_1) + V(P_2)$.

类似于矩形面积的讨论，可以得出

命题 5 规定以单位长为一边的立方体的体积为 1，则长方体的体积为长×宽×高.

有了长方体的体积计算公式，棱柱的体积就容易确定了.

引理 1 直平行六面体的体积等于底面积与高的乘积.

证明 如图 8，若以 V 表示体积，S 表示底面积，h 表示高，$D_1 A_1' \perp A_1 B_1$，$C_1 B_1' \perp A_1 B_1$，即 $A'B'CD\text{-}A_1'B_1'C_1D_1$ 是长方体，则

$$V_{ABCD\text{-}A_1B_1C_1D_1} = V_{A'B'CD\text{-}A_1'B_1'C_1D_1} = S_{A'B'CD} \cdot h.$$

引理 2 平行六面体体积等于底面积和高的乘积.

证明 如图 9，设 MNN_1M_1 为直截面，则把右边 $BCNM\text{-}B_1C_1N_1M_1$ 移到左边可知

$$V_{ABCD\text{-}A_1B_1C_1D_1} = S_{MNN_1M_1} \cdot AB$$

$$= MN \cdot h \cdot AB = AB \cdot MN \cdot h$$
$$= S_{ABCD} \cdot h.$$

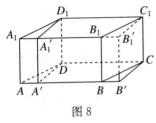

图 8

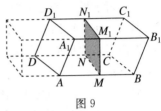

图 9

引理 3 三棱柱的体积等于底面积和高的乘积.

证明 将三棱柱 $ABC\text{-}A'B'C'$ 拼成一个以平行四边形 $ABCD$ 为底的一个平行六面体, 而这个平行六面体体积是已知三棱柱体积的两倍, 所以三棱柱体积等于它的高与平行四边形 $ABCD$ 面积的一半 (即 $\triangle ABC$) 的乘积.

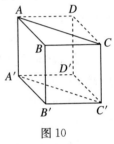

图 10

因为任意一个棱柱可以剖分成若干个三棱柱之和, 再由引理 3. 便可得出

命题 6 棱柱的体积等于底面积×高.

我们完全可以类似地引入多面体组成相等的概念 (请读者自己给出定义). 下面讨论等积的棱柱是否一定组成相等.

首先三棱柱可以拼成一个平行六面体, 而平行六面体可以拼成一个直平行六面体, 直平行六面体可以拼成一个长方体, 于是得到: 三棱柱是与一个长方体组成相等的. 又因为每一棱柱可以剖分成若干个三棱柱, 每一个三棱柱和一个长方体组成相等. 因此, 只须证明等体积的长方体是组成相等的. 由此便可知道

命题 7 等体积的棱柱是组成相等的.

现在来证明等体积的长方体是组成相等的. 设给出两个长方体 Q_1 和 Q_2，它们的长、宽、高分别为 a，b，h 和 a'，b'，h'，且 $abh = a'b'h'$. 作体积与 Q_2 相同的长方体 Q_3，它的高为 h'，底的一边为 a，设另一边长为 b''，则 $a'b' = ab''$，由命题 4，Q_2 和 Q_3 的底面是组成相等的. 又由于 Q_2 和 Q_3 的高 h' 相同，所以 Q_2 和 Q_3 是组成相等的. 把长方体 Q_3 和 Q_1 比较，$ab''h' = a'b'h' = abh$，所以 $b''h' = bh$. 因此 Q_3 与 Q_1 是组成相等的. 因此 Q_1 与 Q_2 也是组成相等的.

由命题 4 可知多边形有一个很好的性质，即面积相等的充要条件是组成相等. 多面体的情形如何？由命题 7 可知对棱柱来说也具有这个性质. 但是多面体并非都是棱柱，棱锥是否也有这个性质呢？为此我们先考虑三棱锥，即四面体. 现在问等体积的三棱锥是否一定组成相等. 这个问题成为十九世纪几何中突出未解决的问题之一，后来便成为著名的希尔伯特第三问题中的一部分. 最早解决这个问题的是戴恩 (M. Dehn)，答案是否定的.

定理（M. Dehn）　立方体和它等积的正四面体不能组成相等.（可参阅 [3] 第四章或 [2] 224）

M. Dehn 定理告诉我们不能用立方体来测量四面体的体积. 这说明多面体的体积和多边形的面积有本质的不同，不能用测量二维图形的方法推广到三维空间中来. 现在再来考察一下目前高中立体几何中三棱锥体积公式的推导.

已知三棱锥 A'-ABC（如图 11），h 表示底面 ABC 上的高，S 表示 △ABC 的面积，V 表示三棱锥的体积.

作三棱柱 ABC-$A'B'C'$，它是由四面体 $ABCA'$，$A'BCB'$，

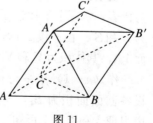

图 11

$A'B'C'C$ 拼成的，在这三个四面体中，每两个有全等的面以及在这两面上相等的高，因此，如果我们假定：同底面等高的两个四面体有相同的体积. 则 $ABCA'$，$A'BCB'$，$A'B'C'C'$ 三个四面体有相同的体积，且均为棱柱体积的 $\frac{1}{3}$.

故由棱柱体积等于底面积×高，得出如下命题.

命题 8 三棱锥的体积等于 $\frac{1}{3}$（底面积×高）.

上述证明过程中我们的假定（即同底面等高的四面体有相同的体积）起着十分重要的作用. 中学课本中这个结论是利用祖暅原理推出的，祖暅原理的本质是极限思想. 因此我们可以利用极限的方法来得出这样的结论：

命题 9 底面积和高分别相等的两个棱锥等积.

首先我们证明两个引理.

引理 4 棱锥被平行其底面的平行平面所截，则其截面积与底面积之比等于从顶点到截面的距离和棱锥高的平方比.

证明 因为平行底面所截棱锥所得多边形成位似图形，再由位似多边形面积之比等于位似比平方便可知上述引理成立.

由引理 4 立即可知

引理 5 底面积相等，高相等的两棱锥中，以平行于底面且距顶点等距的平面截之，则截面积相等.

下面来证明命题 9.

设棱锥 P-ABC 和 P'-$A'B'C'$（为简单起见，以三棱锥为代表，实际上下述证明与侧棱多少无关）. 其底面积分别为 S 和 S'. 由假设 $S=S'$. 同高 h（不妨将它们放在同一平面上），其体积为 V 和 V'.

作 $(n-1)$ 个平行于底面的平面，把高分成 n 等份，设各截面面积为 S_1，S_2，$\cdots$，S_{n-1} 和 S_1'，S_2'，$\cdots$，S_{n-1}'，由引理 4 和引理 5 可知

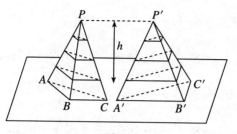

图 12

$$S_1' = S_1 = \frac{\left(\frac{1}{n}h\right)^2}{h^2}S = \left(\frac{1}{n}\right)^2 S;$$

$$S_2' = S_2 = \left(\frac{2}{n}\right)^2 S;$$

$$\cdots\cdots$$

$$S_{n-1}' = S_{n-1} = \left(\frac{n-1}{n}\right)^2 S.$$

先以 S_1，S_2，$\cdots$，S_{n-1} 及 S_1'，S_2'，$\cdots$，S_{n-1}' 为底，以 $\frac{1}{n}h$ 为高各作被棱锥所包围的各 $(n-1)$ 个棱柱，记其体积为 V_{n-1} 及 V_{n-1}'．显然有 $V_{n-1}<V$，$V_{n-1}'<V'$．

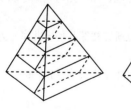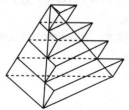

图 13

再以 S_1，S_2，$\cdots$，S_{n-1}，S 及 S_1'，S_2'，$\cdots$，S_{n-1}'，S' 为底，以 $\frac{1}{n}h$ 为高作包围两棱锥的各 n 个棱柱（如图 13），记其体积分别为 V_n 及 V_n'，显然有 $V<V_n$，$V'<V_n'$．另一方面，

$$V_{n-1} = S_1 \frac{h}{n} + S_2 \frac{h}{n} + \cdots + S_{n-1} \frac{h}{n}$$

$$= S_1' \frac{h}{n} + S_2' \frac{h}{n} + \cdots + S_{n-1}' \frac{h}{n} = V_{n-1}',$$

$$V_n = S_1 \frac{h}{n} + \cdots + S_{n-1} \frac{h}{n} + S \frac{h}{n}$$

$$= S_1' \frac{h}{n} + \cdots + S_{n-1}' \frac{h}{n} + S' \frac{h}{n} = V_n',$$

所以从 $V_{n-1} < V < V_n$；$V_{n-1}' < V' < V_n'$，得出

$$|V - V'| < V_n - V_{n-1} = \frac{1}{n} Sh.$$

令 $n \to \infty$，便知 $V = V'$.

得到了棱锥体积公式以后，我们就可以计算一般多面体的体积，办法是首先把多面体剖分成凸多面体. 然后在每个凸多面体中选一点，把凸多面体剖分成以该点为顶点的棱锥. 于是多面体的体积就等于它所剖分成的棱锥的体积之和.

王申怀数学教育文选

参考文献

［1］希尔伯特. 江泽涵，朱鼎勋，译. 几何基础. 北京：科学出版社，1987.

［2］梅向明. 用近代数学观点研究初等几何. 北京：人民教育出版社，1989.

［3］霍普夫. 吴大任，译. 整体微分几何. 北京：科学出版社，1987.

■一个极值问题的新解[*]

编者按：本刊 1998 年第 11 期刊出单墫先生"一个极值问题"一文后，编辑部先后收到不少读者的来稿，对如何求函数 $f(x)=\sqrt{ax^2+b}-x$ $(x\geqslant0,\ a>1,\ b\geqslant0)$ 的最小值提供新解法，现综合摘登如下：

华罗庚先生曾提到函数

$$f(x)=-\frac{1}{2}x+\frac{\sqrt{3}}{4}\sqrt{1+4x^2}\ (x\geqslant0) \tag{1}$$

的最小值问题，并介绍了八种解法．单墫先生不久前给出了第九种解法（见 [1]）．下面我们再补充三种解法．

解法一 我们讨论更一般的函数

$$f(x)=\sqrt{ax^2+b}-x(x\geqslant0) \tag{2}$$

的最小值，其中 $a>1$，$b\geqslant0$.

$$\sqrt{ax^2+b}-x=\sqrt{a}\sqrt{x^2+\frac{b}{a}}-x$$

$$=\frac{\sqrt{a}-1}{2}\left(\sqrt{x^2+\frac{b}{a}}+x\right)+\frac{\sqrt{a}+1}{2}\left(\sqrt{x^2+\frac{b}{a}}-x\right)$$

$$\geqslant2\sqrt{\frac{\sqrt{a}-1}{2}\left(\sqrt{x^2+\frac{b}{a}}+x\right)\frac{\sqrt{a}+1}{2}\left(\sqrt{x^2+\frac{b}{a}}-x\right)}$$

$$=\sqrt{\frac{(a-1)b}{a}}.$$

等号成立，当且仅当

＊ 本文是作者受《数学通报》编辑部委托，综合读者来信执笔写成的．原载于《数学通报》，1999（10）：42-43．

$$\frac{\sqrt{a}-1}{2}\left(\sqrt{x^2+\frac{b}{a}}+x\right)=\frac{\sqrt{a}+1}{2}\left(\sqrt{x^2+\frac{b}{a}}-x\right).$$

解得

$$x=\sqrt{\frac{b}{a(a-1)}}.$$

于是当 $x=\sqrt{\dfrac{b}{a(a-1)}}$ 时，函数 $f(x)=\sqrt{ax^2+b}-x$ 取最小

值 $\sqrt{\dfrac{(a-1)b}{a}}$．

（以上解法由陕西师大数学系惠州人和浙江绍兴马山中学戴志祥给出）

解法二 由恒等式 $(ax-by)^2=(a^2-b^2)(x^2-y^2)+(ay-bx)^2$ 立即可知

对于 $a,b,x,y\in\mathbf{R}$ 有

$$(ax-by)^2\geqslant(a^2-b^2)(x^2-y^2),\tag{3}$$

当且仅当 $ay=bx$ 时等号成立．

由不等式（3），可知

$$f(x)=\sqrt{ax^2+b}-x=\sqrt{a}\cdot\sqrt{x^2+\frac{b}{a}}-1\cdot x\geqslant\sqrt{\frac{(a-1)b}{a}},$$

当且仅当 $\sqrt{a}\cdot x=\sqrt{x^2+\dfrac{b}{a}}$，即 $x=\sqrt{\dfrac{b}{a(a-1)}}$ 时，上式等号成立．即函数 $f(x)$ 的最小值为 $\sqrt{\dfrac{(a-1)b}{a}}$．

（以上解法由陕西师大数学系惠州人和山东安丘一中邹明给出）

解法三 求函数 $f(x)=-\dfrac{1}{2}x+\dfrac{\sqrt{3}}{4}\sqrt{1+4x^2}$ 的最小值．

设 $\begin{cases}X=\dfrac{1}{2}x,\\[2mm]Y=\dfrac{\sqrt{3}}{4}\sqrt{1+4x^2},\end{cases}\quad x\geqslant0,$

消去参数 x，得

$$\frac{Y^2}{\frac{3}{16}} - \frac{X^2}{\frac{1}{16}} = 1, \left(X \geqslant 0, Y \geqslant \frac{\sqrt{3}}{4}\right)$$

可知，对应于此方程的曲线 C 是双曲线的一部分（见图 1），并把它看作以 x 为参数的参数方程所对应的曲线为 C. 这时，原函数可看做一次函数

$$y = kX + Y,$$

于是有

$$Y = -kX + y.$$

显然，这个方程表示过曲线 C 上的动点 $(X，Y)$，且斜率为 $-k$，在 Y 轴上的截距为 y 的直线系. 求函数 y 的最小值的问题就转化为直线系中截距 y 的最小值.

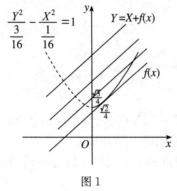

图 1

借助于这个几何模型，就可以简易地给出求这类函数的值域（包括最值）问题的一般解法.

例如，解华先生提出的求函数 $f(x) = -\frac{1}{2}x + \frac{\sqrt{3}}{4}\sqrt{1+4x^2}$ 的最小值问题就有下面的第 10 种解法.

设 $\begin{cases} X = \dfrac{1}{2}x, \\ Y = \dfrac{\sqrt{3}}{4}\sqrt{1+4x^2}, \end{cases} x \geqslant 0,$

消去参数 x，整理，得

$$\frac{Y^2}{\frac{3}{16}} - \frac{X^2}{\frac{1}{16}} = 1, \left(X \geqslant 0, Y \geqslant \frac{\sqrt{3}}{4}\right)$$

可知，对应于此方程的曲线 C 是双曲线的一部分（如图 1）．

于是，原函数可以化为

$$Y = X + f(x),$$

这是一束斜率为 1 的平行直线，当且仅当它与曲线 C 相切时，有 Y 轴上的截距 $f(x)$ 取最小值．

由方程组

$$\begin{cases} \dfrac{Y^2}{\frac{3}{16}} - \dfrac{X^2}{\frac{1}{16}} = 1, \\[2mm] Y = X + f(x), \end{cases}$$

得

$$32X^2 - 32Xf(x) - 16[f(x)]^2 + 3 = 0,$$

直线与曲线 C 相切时，须且只需

$$\Delta = [32f(x)]^2 - 128\{-16[f(x)]^2 + 3\} = 0,$$

解得

$$[f(x)]_{最小} = \frac{\sqrt{2}}{4}.$$

（以上解法由北京二中李平给出）

参考文献

[1] 单墫. 一个极值问题. 数学通报，1998 (11)：26.

■平面几何与球面几何之异同[*]

平面几何研究的图形是直线（线段）、角、三角形……在球面上我们也可以类似地研究球面上的"直线""角""三角形"……那么我们首先要问：球面上什么样的曲线可以扮演平面上直线的角色？

我们知道，在平面上直线最重要的一个性质是两点之间所有连线中直线段最短．那么在球面上，两点之间的连线中哪种曲线"路程"（即弧长）最短呢？

1. 球面上的"直线"——大圆

我们把过球心的平面截球面所得到的圆称为大圆．大圆上两点把大圆分成两段大圆弧，长的一段大圆弧称为优弧，短的一段称为劣弧．容易知道，不过球心的平面截球面也得到一个圆，它的半径小于大圆的半径（即球的半径），这种圆称为小圆．

定理 球面上连接两点的大圆弧长（劣弧）小于连接该两点的小圆弧长．

证明 设 A，B 是球面上两点，$\overparen{ASB}$ 是连接 A，B 两点的大圆弧（劣弧），$\overparen{ANB}$ 是小圆弧，因为小圆弧半径小于大圆弧半径，所以如果我们把这两段弧放置到同一平面上，就得到如图 1 的图形，其中 OA 是大圆弧半径，$O'A$ 是小圆弧半径．

一、几何与初等数学研究

---

* 本文原载于《数学通报》，2006（9）：6-9.

如图 1，设 C 是 AB 的中点，$\angle AOC = x$，$\angle AO'C = x'$，$OA = r$，$O'A = r'$，$AC = a$，显然，$0 < x$，$x' <$ 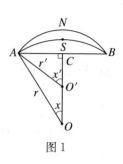 $\dfrac{\pi}{2}$．由 $r > r'$，知 $x < x'$．另一方面，

$\sin x = \dfrac{a}{r}$，$\sin x' = \dfrac{a}{r'}$，$\overparen{ASB}$ 的弧长 $=$

图 1

$2rx$，$\overparen{ANB}$ 的弧长 $= 2r'x'$，所以 $\overparen{ASB}$ 的

弧长 $= 2a \cdot \dfrac{x}{\sin x}$，$\overparen{ANB}$ 的弧长 $= 2a \cdot \dfrac{x'}{\sin x'}$，利用导数知

识知道函数 $y = \dfrac{x}{\sin x}\left(0 < x < \dfrac{\pi}{2}\right)$ 是单调增加的 $\left(y = \dfrac{x}{\sin x}\right.$，

$y' = \dfrac{\sin x - x\cos x}{\sin^2 x}$，当 $0 < x < \dfrac{\pi}{2}$ 时，$\sin x - x\cos x > 0$，

$y' > 0$，故 y 是单调增加的$\bigg)$．故当 $0 < x < x' < \dfrac{\pi}{2}$ 时，$\dfrac{x}{\sin x} <$

50

$\dfrac{x'}{\sin x'}$，所以 $\overparen{ASB}$（大圆弧长）$< \overparen{ANB}$（小圆弧长），**证毕**.

由上述定理可知，**球面上连接两点之间的最短路程是过这两点的一段大圆弧长（劣弧长）**．（当然，严格说来我们需要证明：连接 A，B 两点的大圆弧长小于球面上其他任何连接 A，B 两点的曲线长，这个结论可以用微分几何知识加以证明的.）

我们把球的直径的两个端点称为对径点．显然，球面上不是对径点的任意两点必可用一条大圆弧，且只可用一条大圆弧（劣弧）连接（请读者自己证之）．由此可知，球面上的大圆（弧）确实具有平面上直线的相同性质（两点连一直线），因此，我们把球面上的大圆称为球面上的"直线"．

注意：平面上的直线与球面上的"直线"（大圆）并非完全一样．平面上两直线可以相交（只有一个交点），也可以不相交（平行），但球面上任意两条"直线"必相交，且

有两个交点，即对径点．

2. 球面上的"角"

平面上过一点 A，引两条射线 AB 和 AC，它们所构成的图形叫做角．类似地，球面上过一点 A 引两条"射线"（大圆弧）$\overset{\frown}{AB}$ 和 $\overset{\frown}{AC}$，它们所构成的图形叫做球面上的"角"．仍可记作 $\angle BAC$，A 称为"角"的顶点，大圆弧 $\overset{\frown}{AB}$ 和 $\overset{\frown}{AC}$ 称为"角"的边．

平面上一个角的两条边可以无限延伸，且它们再也不会相交了，但在球面上不同，球面上一个"角"的两条边延伸后它们是会相交的（如图2）！它们相交于该角的顶点的对径点．

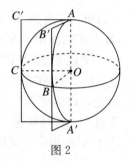

图 2

给出一个球面"角"$\angle BAC$，我们如何来度量这个"角"呢？我们规定：用大圆弧 $\overset{\frown}{AB}$ 和 $\overset{\frown}{AC}$ 所在的两个半平面所组成的二面角来度量 $\angle BAC$ 的大小．如图2，我们用二面角 $B\text{-}AA'\text{-}C$（A' 是 A 的对径点）度量球面"角"$\angle BAC$ 的大小．显然球心 O 在直径 AA' 上，过点 O 作此二面角的平面角 $\angle BOC$（即作 $BO \perp AA'$，$CO \perp AA'$），二面角 $B\text{-}AA'\text{-}C$ 又可用平面角 $\angle BOC$ 来度量，因此球面"角"$\angle BAC$ 又可用平面角 $\angle BOC$ 来度量．

3. 球面三角形

类似平面上三角形的定义，我们把球面上三条"直线"段（即大圆弧）首尾相连所构成的图形称为球面三角形．这里我们约定构成球面三角形的三条大圆弧均为劣弧．

类似平面上的情形，给出球面上不在同一大圆上的三点 A，B，C，就可以得到三条大圆弧 $\overset{\frown}{AB}$，$\overset{\frown}{BC}$，$\overset{\frown}{CA}$．这三

条大圆弧就构成球面△ABC的三条边. 把 A, B, C 称为球面△ABC的顶点.

给出一个球面△ABC, 把顶点 A, B, C 和球心连接, 就得到一个三面角 O-ABC, 如图 3. 若大圆弧$\overset{\frown}{AB}$所对的圆心角 $\angle AOB = \alpha$（弧度）, 则$\overset{\frown}{AB} = r\alpha$, 其中 r 是球半径, 若 $r=1$（即在单位球面上）, 则$\overset{\frown}{AB} = \alpha$, 因此球面△$ABC$ 的边长$\overset{\frown}{AB}$就对应于三面角 O-ABC的面角 $\angle AOB$.

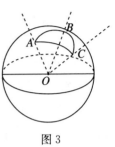

图 3

类似平面上的情形, 我们把球面△ABC 的"角" $\angle BAC$, $\angle ACB$, $\angle CBA$ 叫做球面△ABC的内角. 由上述讨论, 球面"角" $\angle BAC$ 是由二面角 B-OA-C 来度量的, 而这个二面角就是三面角 O-ABC 的一个二面角. 因此球面△ABC 的内角就对应于三面角 O-ABC 的二面角, 即有

球面△ABC	三面角 O-ABC
边	面角
内角	二面角

因此, 讨论球面三角形的有关边的问题就可转化为讨论三面角中的面角问题；讨论球面三角形的内角问题, 就可转化为讨论三面角中的二面角的问题.

4. 平面几何与球面几何相同之处

在平面几何中我们有（S. S. S）定理, 即两个三角形三对对应边相等, 则这两个三角形全等. 那么, 在球面上是否有类似的定理? 根据上面讨论, 利用球面三角形与三面角之间的对应关系, 把球面三角形的问题可以转化到三面角中去讨论，例如上述球面上的（s.s.s）定理就可转化为：

两个三面角 $O\text{-}ABC$ 和 $O'\text{-}A'B'C'$ 中，若三对对应面角相等，则三对对应二面角也相等，即三面角 $O\text{-}ABC$ 和 $O'\text{-}A'B'C'$ 全等．

上述定理可以用立体几何知识加以证明（见附录），所以球面上关于球面三角形的（s.s.s）定理是成立的．类似平面的情形，在球面上（s.a.s）和（s.s.a）定理也是成立的．在平面几何中还有等腰三角形两底角相等；三角形两边之和大于第三边……这些结论在球面几何中也是成立的（请读者自己证明），这些都是平面几何与球面几何的相同之处．

5. 平面几何与球面几何不同之处

在平面几何中有一个特别重要的定理：三角形内角之和等于 $180°$．现在我们问：球面三角形内角之和等于 $180°$ 吗？这个问题不难得到一个否定的答案．为此我们只要找出一个球面三角形，它的内角之和不等于 $180°$ 即可，这不难找到．例如：

设 C 是球面上某一点，O 是球心，过点 O 作一垂直于球半径 OC 的平面，截一个大圆，记为 L_C．在大圆 L_C 上任取两点 A，B，再用大圆弧连接 A，C 和 B，C，这样就得到一个球面 $\triangle ABC$，容易知道平面 $AOC \perp$ 平面 AOB；平面 $BOC \perp$ 平面 AOB．因此，二面角 $C\text{-}OA\text{-}B$ 和二面角 $C\text{-}OB\text{-}A$ 都是 $90°$，而球面"角"$\angle CAB$ 和 $\angle CBA$ 就是由这两个二面角来度量的，因此，球面"角"$\angle CAB = \angle CBA = 90°$，于是球面 $\triangle ABC$ 的三个内角 $\angle CAB + \angle CBA + \angle ACB > \angle CAB +$

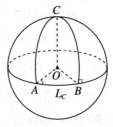

图 4

$\angle CBA = 180°$.

　　这就说明球面上有一个三角形的内角之和大于 $180°$，现在问任意球面三角形的内角之和是否都大于 $180°$ 呢？这个问题不易回答，为此我们先来介绍一个有关球面三角形面积的定理.

　　定理 1　设球面 $\triangle ABC$ 的面积为 S，三内角的大小为 A，B，C（弧度），r 为球半径，则

$$S = [(A+B+C)-\pi]r.$$

　　证明　设球面 $\triangle ABC$，我们把 A，B，C 的对径点记为 A'，B'，C'（如图 5），把球面 $\triangle A'B'C'$ 称为 $\triangle ABC$（以下省略球面两字）的对顶三角形. 由球面上（s.s.s）定理容易看出，$\triangle ABC \cong \triangle A'B'C'$. 我们把 $\triangle AB'C$ 和 $\triangle ABC$ 拼接在一起得到了一个图形 $BAB'C$，它的形状

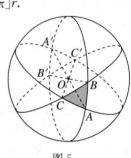

图 5

像一块西瓜皮，也像天空中的一轮新月，所以把图形 $BAB'C$ 称为"月形". 显然，它是由两个半大圆组成，同样 $\triangle ABC'$ 与 $\triangle ABC$ 拼接成"月形" $CAC'B$；$\triangle A'BC$ 与 $\triangle ABC$ 拼接成"月形" $ABA'C$.

　　现在来计算月形 $ABA'C$ 的面积.

　　由假设球面 $\angle BAC$ 的大小为 A（弧度），容易知道，月形 $ABA'C$ 的面积是整个球面面积的 $\dfrac{A}{2\pi}$ 倍，即 $\dfrac{A}{2\pi} \times 4\pi r^2 = 2Ar^2$. 显然，月形 $ABA'C$ 的面积等于（$\triangle ABC + \triangle A'BC$）的面积，因此有

$$\left.\begin{array}{l}(\triangle ABC + \triangle A'BC)\text{ 面积} = \text{月形 } ABA'C \text{ 面积} = 2Ar^2 \\ (\triangle ABC + \triangle AB'C)\text{ 面积} = \text{月形 } BAB'C \text{ 面积} = 2Br^2 \\ (\triangle ABC + \triangle ABC')\text{ 面积} = \text{月形 } CAC'B \text{ 面积} = 2Cr^2\end{array}\right\} \quad (1)$$

又因为

($\triangle ABC + \triangle A'BC + \triangle AB'C + \triangle A'B'C$) 面积

= （左）半球 = $2\pi r^2$，　　　　　　　　　　　　（2）

$\triangle A'B'C' \cong \triangle ABC'$.（因为它们互为对顶三角形）

将（1）中三式相加，得

$3\triangle ABC + \triangle A'BC + \triangle AB'C + \triangle ABC' = 2(A+B+C)r^2$.

把上式左边改写，并将（2）式代入得

$2\triangle ABC + (\triangle ABC + \triangle A'BC + \triangle AB'C + \triangle ABC')$

$= 2\triangle ABC + (\triangle ABC + \triangle A'BC + \triangle AB'C + \triangle A'B'C)$

$= 2\triangle ABC + 2\pi r^2$.

于是得到 $2\triangle ABC + 2\pi r^2 = 2(A+B+C)r^2$，即有

$\triangle ABC$ 面积 = $[(A+B+C)-\pi]r^2$. **证毕.**

特别在单位球面上，即 $r=1$，我们有：球面三角形面积 $S = A+B+C-\pi$，因为面积 S 是一个正数，即 $S>0$，所以我们得到如下定理 2.

定理 2　球面 $\triangle ABC$ 三内角之和 $A+B+C>\pi$（弧度）.

而平面上 $\triangle ABC$ 三内角之和 $A+B+C=\pi$（弧度），这是平面几何与球面几何之间的最大不同之处.

在平面几何中我们知道存在着两个三角形，它们的三对内角对应相等，但它们不全等，即在平面几何中存在着不全等的相似三角形，因此，在平面几何中关于全等三角形没有（A. A. A）定理. 如果我们把三角形的面积称为三角形的大小，两个三角形三对对应角相等（即相似）称为它们的形状一样，那么在平面几何中存在两个三角形，它们的形状一样. 但大小不相等，如果在平面上两个三角形大小相等且形状也一样，它们是否全等呢？答案是肯定的，证明也不难.

设在平面上 $\triangle ABC$ 与 $\triangle A'B'C'$，$\angle A = \angle A'$，$\angle B = \angle B'$，$\angle C = \angle C'$ 且 $\triangle ABC$ 面积 = $\triangle A'B'C'$ 面积，今证：

$\triangle ABC \cong \triangle A'B'C'$.

证明 反证法. 若 $\triangle ABC$ 与 $\triangle A'B'C'$ 不全等, 则必有 $AB \neq A'B'$. 不妨设 $AB > A'B'$, 在线段 AB 内取一点 B_1 使 $AB_1 = A'B'$. 过 B_1 点作 $\angle AB_1C_1 = \angle B'$ (C_1 点在线段 AC 上). 因为 $\angle B' = \angle B$, 故直线 B_1C_1

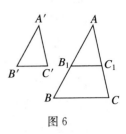

图 6

与 BC 必不相交, 因此 C_1 点必在线段 AC 内部, 由上述作法可知 $\triangle AB_1C_1 \cong \triangle A'B'C'$. 显然 $\triangle AB_1C_1$ 面积 $=$ $\triangle A'B'C'$ 面积 $= \triangle ABC$ 面积, 这是不可能的 (由上述作图可知, $\triangle AB_1C_1$ 面积 $< \triangle ABC$ 面积). 即在平面上大小和形状都一样的两个三角形必全等.

由上述关于球面三角形面积的定理 1 可知: 若两个球面三角形三对对应角相等, 则它们的面积必相等, 即若两个球面三角形形状一样, 则它们的大小 (面积) 必相等, 按平面几何的结论, 猜想形状一样的球面三角形必全等, 于是我们有如下定理 3.

定理 3 (a. a. a) 若两个球面三角形三对内角对应相等, 则两个球面三角形必全等.

显然, 这个定理在平面几何中是不成立的, 这又是平面几何与球面几何的一个显著的不同之处!

这里需要特别注意: 我们能否把平面上证明两个三角形大小和形状都一样必全等的证法移植到球面上去呢? 即能否把图 6 移植到球面上去呢? 不能! 上述证明过程中有一句十分关键的话 "直线 B_1C_1 与 BC 必不相交", 其理由是 "同位角相等, 两直线必不相交", 这个结论依赖于平面上的欧氏平行公理: 即过直线外一点有且只有一条直线与该直线共面不交, 而欧氏平行公理在球面上是不成立的 (在球面上任意两条 "直线" 即大圆都相交). 因此我们不能把

图 6 移植到球面上去，所以，我们要证明上述球面几何中的 (a. a. a) 定理要另想别法了！（这里不再详述，可参阅 [2] 中第七章）

总之，球面几何与平面几何有大量的定理是相同的（例如，(s. s. s) 定理，(s. a. s) 定理，(a. s. a) 定理等），但也有一些很重要的定理是相异的（例，三角形内角之和的定理等）.

附录

定理 两个三面角 $O\text{-}ABC$ 和 $O'\text{-}A'B'C'$ 中，若面角 $\angle AOB=\angle A'O'B'$，$\angle BOC=\angle B'O'C'$，$\angle COA=\angle C'O'A'$，则二面角 $B\text{-}OA\text{-}C=B'\text{-}O'A'\text{-}C'$，$A\text{-}OB\text{-}C=A'\text{-}O'B'\text{-}C'$，$A\text{-}OC\text{-}B=A'\text{-}O'C'\text{-}B'$，即三面角 $O\text{-}ABC\cong O'\text{-}A'B'C'$.

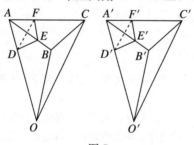

图 7

证明 我们在两个三面角的各棱上截取相等的线段，即取（如图 7）$OA=OB=OC=O'A'=O'B'=O'C'$，连接 AB，BC，CA 和 $A'B'$，$B'C'$，$C'A'$，则由 (s. a. s) 定理得

$\triangle AOB\cong\triangle A'O'B'$，$\triangle BOC\cong\triangle B'O'C'$，$\triangle COA\cong\triangle C'O'A'$.

所以，$\angle OAB=\angle O'A'B'$，$\angle OAC=\angle O'A'C'$；且 $AB=A'B'$，$BC=B'C'$，$CA=C'A'$.

因此，$\triangle ABC\cong\triangle A'B'C'\Rightarrow\angle BAC=\angle B'A'C'$.

在 OA 和 $O'A'$ 上分别取点 D 和 D'，使 $AD=A'D'$，再过 D 点在平面 OAB 和 OAC 上作 OA 的垂线交 AB 和 AC 于 E，F 点；同样过 D' 点在平面 $O'A'B'$ 和 $O'A'C'$ 上作 $O'A'$ 的垂线交 $A'B'$ 和 $A'C'$ 于 E'，F' 点. 则由（a. s. a）定理得

$\text{Rt}\triangle ADE \cong \text{Rt}\triangle A'D'E' \Rightarrow AE=A'E'$，$DE=D'E'$.

$\text{Rt}\triangle ADF \cong \text{Rt}\triangle A'D'F' \Rightarrow AF=A'F'$，$DF=D'F'$.

所以由（s. a. s）定理得

$\triangle AEF \cong \triangle A'E'F' \Rightarrow EF=E'F'$.

再由（s. s. s）定理得

$\triangle DEF \cong \triangle D'E'F' \Rightarrow \angle EDF=\angle E'D'F'$.

而 $\angle EDF=\angle E'D'F'$ 是二面角 $B\text{-}OA\text{-}C$ 和 $B'\text{-}O'A'\text{-}C'$ 的平面角，所以 $B\text{-}OA\text{-}C=B'\text{-}O'A'\text{-}C'$.

同理可证另外两对二面角相等，所以三面角 $O\text{-}ABC \cong O'\text{-}A'B'C'$. **证毕.**

58

参考文献

［1］项武义，王申怀，潘养廉. 古典几何学. 上海：复旦大学出版社，1986.

［2］项武义. 基础几何学. 北京：人民教育出版社，2004.

［3］梅向明. 用近代数学观点研究初等数学. 北京：人民教育出版社，1989.

王申怀数学教育文选

■Leibniz 公式的推广 [*]

众所周知，两个函数乘积的微分公式为 $d(uv)=udv+vdu$. 把这个公式推广到高阶微分时，即有所谓 Leibniz 公式

$$d^k(u,\ v)=\sum_{i=0}^{k} C_k^i d^i u d^{k-i} v,$$

其中 $d^0 u=u$, $d^0 v=v$, $(k=0,\ 1,\ \cdots,\ n)$.

两个函数商的微分公式为

$$d\left(\frac{u}{v}\right)=\frac{1}{v^2}\ (vdu-udv).$$ 我们同样可以把这个商的微分公式推广到高阶微分的情形.

令 $w=\dfrac{u}{v}$，那么 $u=wv$. 利用两个函数积的 Leibniz 公式得

$$d^k u=d^k(wv)=\sum_{i=0}^{k} C_k^i d^i w d^{k-i} v,$$

再由 $C_k^i=\dfrac{k!}{(k-i)!\,i!}$ 得

$$\frac{d^k u}{k!}=\sum_{i=0}^{k}\frac{d^{k-i}v}{(k-i)!}\cdot\frac{d^i w}{i!}\ (k=0,\ 1,\ \cdots,\ n).$$

于是我们得到关于 w, $\dfrac{dw}{1!}$, $\cdots$, $\dfrac{d^n w}{n!}$ 的 $(n+1)$ 个线性方程组

---

[*] 本文原载于《高等数学》，1986，2（2）：80.

$$\begin{cases} u = vw, \\ \dfrac{\mathrm{d}u}{1!} = \dfrac{\mathrm{d}v}{1!}w + v\,\dfrac{\mathrm{d}w}{1!}, \\ \dfrac{\mathrm{d}^2 u}{2!} = \dfrac{\mathrm{d}^2 v}{2!}w + \dfrac{\mathrm{d}v}{1!} \cdot \dfrac{\mathrm{d}w}{1!} + v\,\dfrac{\mathrm{d}^2 w}{2!}, \\ \cdots\cdots \\ \dfrac{\mathrm{d}^n u}{n!} = \dfrac{\mathrm{d}^n v}{n!}w + \dfrac{\mathrm{d}^{n-1} v}{(n-1)!}\,\dfrac{\mathrm{d}w}{1!} + \cdots + v\,\dfrac{\mathrm{d}^n w}{n!}. \end{cases}$$

上述方程组的系数行列式为

$$\Delta = \begin{vmatrix} v & 0 & \cdots & & 0 \\ \dfrac{\mathrm{d}v}{1!} & v & 0 & \cdots & 0 \\ \vdots & \vdots & \vdots & & \vdots \\ \dfrac{\mathrm{d}^n v}{n!} & \cdots\cdots\cdots\cdots & & & v \end{vmatrix} = v^{n+1},$$

因此可以解出 $\left(w = \dfrac{u}{v}\right)$

$$\mathrm{d}^n w = \dfrac{1}{v^{n+1}} \begin{vmatrix} v & 0 & 0 & \cdots & 0 & u \\ \dfrac{\mathrm{d}v}{1!} & v & 0 & \cdots & 0 & \dfrac{\mathrm{d}u}{1!} \\ \vdots & \vdots & \vdots & & \vdots & \vdots \\ \dfrac{\mathrm{d}^n v}{n!} & \dfrac{\mathrm{d}^{n-1} v}{(n-1)!} & & \cdots & \dfrac{\mathrm{d}v}{1!} & \dfrac{\mathrm{d}^n u}{n!} \end{vmatrix}.$$

这就是两个函数商的 Leibniz 公式, 特别当 $n = 1$ 时, 得

$$\mathrm{d}w = \mathrm{d}\left(\dfrac{u}{v}\right) = \dfrac{1}{v^2} \begin{vmatrix} v & u \\ \mathrm{d}v & \mathrm{d}u \end{vmatrix} = \dfrac{1}{v^2}(v\mathrm{d}u - u\mathrm{d}v).$$

二、初等几何教材与教法研究

■正弦定理与余弦定理的关系 [*]

一般中学教科书正弦定理与余弦定理都是分别加以证明的. 但是这两个定理之间是互有联系的. 如果已证明正弦定理, 则余弦定理可成为正弦定理的推论. 反之, 如果余弦定理先成立, 正弦定理亦可成为余弦定理的推论. 因此两者不是独立的.

由余弦定理导出正弦定理.

在 $\triangle ABC$ 中用 A, B, C 表示三内角, a, b, c 表示其对应边长. 今证明正弦定理

$$\frac{\sin A}{a} = \frac{\sin B}{b} = \frac{\sin C}{c}.\tag{1}$$

因为上述三个比值都是正的, 所以只须证明

$$\frac{\sin^2 A}{a^2} = \frac{\sin^2 B}{b^2} = \frac{\sin^2 C}{c^2}.\tag{2}$$

由余弦定理得

$$\sin^2 A = 1 - \cos^2 A = 1 - \left(\frac{b^2+c^2-a^2}{2bc}\right)^2$$
$$= \frac{4b^2c^2 - (b^2+c^2-a^2)^2}{4b^2c^2}$$
$$= \frac{2(a^2b^2+b^2c^2+c^2a^2) - (a^4+b^4+c^4)}{4b^2c^2},$$

所以 $\dfrac{\sin^2 A}{a^2} = \dfrac{2(a^2b^2+b^2c^2+c^2a^2) - (a^4+b^4+c^4)}{4a^2b^2c^2}.\tag{3}$

61

二、初等几何教材与教法研究

---

* 本文原载于《数学通报》, 1991 (11): 26.

同理可证，$\dfrac{\sin^2 B}{b^2}$ 与 $\dfrac{\sin^2 C}{c^2}$ 都等于（3）式右端（其实从（3）式右端是 a，b，c 的对称函数，即可知）．所以（2）式成立，即正弦定理成立．

再从正弦定理导出余弦定理．

由正弦定理知 $a=2R\sin A$，$b=2R\sin B$，$c=2R\sin C$．

所以 $\dfrac{a^2+b^2-c^2}{2ab}=\dfrac{1}{2}\left(\dfrac{\sin^2 A+\sin^2 B-\sin^2 C}{\sin A\sin B}\right)$

$=\dfrac{1}{2}\left[\dfrac{\sin^2 A+\sin^2 B-\sin^2 (A+B)}{\sin A\sin B}\right]$

$\qquad$（因为 $A+B+C=\pi$）

$=\dfrac{1}{2}\left[\dfrac{\sin^2 A+\sin^2 B-(\sin A\cos B+\sin B\cos A)^2}{\sin A\sin B}\right]$

$=\dfrac{1}{2}\left[\dfrac{2\sin^2 A\sin^2 B-2\sin A\sin B\cos A\cos B}{\sin A\sin B}\right]$

$=\sin A\sin B-\cos A\cos B=-\cos(A+B)$

$=\cos C$．

此即余弦定理．

　由正弦定理成立可以推出三角形内角和等于 π，可参阅本书第一部分中"正弦定理与欧氏平行公理的等价性"一文．

■二次曲线中点弦性质的统一证明[*]

《数学通报》1990 年第 10 期上刊登彭厚富的"二次曲线中点弦性质"（以下简称彭文）一文中的证明是分别对椭圆、双曲线和抛物线作出的. 其实利用射影几何配极原理，彭文中所有定理都可以给出统一的证明.

若二次曲线的弦 AB 以 M 为中点，称 AB 为点 M 的中点弦.

定理 1 过二次曲线内部任意一点的中点弦存在且唯一（有心曲线的中心除外）.

证明 设 S 为二次曲线，P 为 S 内任意一点，由射影几何配极原理知道（见 [1] 179），不在二次曲线上的点必有极线. 因此可以假设 P 点关于 S 的极线为 l（见图 1），l 上的无穷远点为 Q_∞，点 P 与 Q_∞ 的连线交 S 于 M_1，M_2 两点. 因此交比 $(M_1M_2；PQ_\infty)=-1$. 因为 Q_∞ 是无穷远点，故 P 点是线段 M_1M_2 的中点（见 [1] 93），即 M_1M_2 为 P 点的中点弦.

图 1

这里需要指出的是：若 P 点关于 S 的极线为无穷远线，即此时 P 为二次曲线 S 的中心（见 [1] 200）. 则过 P 点的任意直线交 S 所得弦 M_1M_2 均被 P 点平分.

为了证明彭文中的其他定理，首先对同轴相似二次曲线作一点说明.

＊ 本文原载于《数学通报》，1992（1）：35-37.

（1）若 S 是有心曲线，则与 S 同轴相似二次曲线 S' 是指经过一个位似变换（以 S 的中心作为位似中心）而得. 因此，如果取 S 的中心作为坐标原点，那么 S 的方程为（见 [2] 189）

$$S：a_{11}x^2+2a_{12}xy+a_{22}y^2+c=0. \tag{1}$$

设位似变换为 $\begin{cases} x'=kx, \\ y'=ky, \end{cases}$ 故 S' 的方程为

$$S'：k^2(a_{11}x^2+2a_{12}xy+a_{22}y)^2+c=0. \tag{2}$$

（2）若 S 是无心曲线，即抛物线（彭文中提到二次曲线均指非退化情形），一般说来与 S 同轴相似曲线 S' 是指 S 经过抛物线顶点为中心的位似变换及再经过沿主轴方向的一个平移而得. 但是，从彭文中的证明过程中可以看出，定理 2，3，4 中"同轴相似"对无心曲线来说应该理解为同轴同焦参数 p 相似曲线，即 S' 是指 S 只经过以主轴方向的一个平移而得. 因此，彭文中定理 2，3，4 的前提"同轴相似二次曲线"应改为"同轴相似有心曲线或同轴同焦参数 p 抛物线".

王申怀数学教育文选

如果取 S 的顶点为坐标原点，S 的主轴为 x 轴，那么 S 的方程为

$$S：a_{22}y^2+2b_1x=0. \tag{3}$$

设平移变换为 $\begin{cases} x'=x-m, \\ y'=y, \end{cases}$ 故与 S 同轴同焦参数 p 相似曲线 S' 的方程为

$$S'：a_{22}y^2+2b_1x-2b_1m=0. \tag{4}$$

为了叙述方便，以下二次曲线 S 和 S' 同轴相似对无心曲线来说均按同轴同焦参数 p 相似曲线.

引理 若二次曲线 S 和 S' 是同轴相似曲线，则无穷远点 Q_∞ 关于 S 的极线与关于 S' 的极线为同一条直线 q，即 Q_∞ 关于 S 的调和共轭点 P 亦为 Q_∞ 关于 S' 的调和共轭点.

证明 （1）若 S 和 S' 是有心曲线，它们的方程为（1）式和（2）式．直线 l 的方程为 $y=\lambda x+b$，则 l 上无穷远点 Q_∞ 的齐次坐标为 $(1,\lambda,0)$（见 [1] 52），而点 Q_∞ 关于 S 的极线 q 的方程为（见 [1] 179）

$$q：(a_{11}+\lambda a_{12})x+(a_{12}+\lambda a_{22})y=0, \tag{5}$$

点 Q_∞ 关于 S' 的极线 q' 的方程为

$$q'：(ka_{11}+\lambda ka_{12})x+(ka_{12}+\lambda ka_{22})y=0, \tag{5'}$$

显然，q 与 q' 为同一条直线．这也说明 Q_∞ 关于 S 的调和共轭点 P 亦为 Q_∞ 关于 S' 的调和共轭点，即直线 l 与 q 的交点．

（2）若 S 和 S' 是无心曲线，它们的方程为（3）式和（4）式．无穷远点 $Q_\infty(1,\lambda,0)$ 关于 S 的极线 q 的方程为

$$q：\lambda a_{22}y+b_1=0, \tag{6}$$

点 Q_∞ 关于 S' 的极线 q' 的方程也为（6）式．因此，点 Q_∞ 关于 S 的调和共轭点 P 亦为 Q_∞ 关于 S' 的调和共轭点．

定理2 设一直线与两同轴相似二次曲线都相交，则夹在内、外曲线之间的两线段相等．

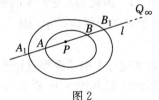

图2

证明 设直线 l 交 S 和 S' 于 A，B 及 A_1，B_1 点．设直线 l 上无穷远点为 Q_∞，直线 l 上的点 P 是 Q_∞ 关于 S 的调和共轭点，即有交比 $(AB；PQ_\infty)=-1$．由引理可知，Q_∞ 关于 S' 的调和共轭点也是 P，故有交比 $(A_1B_1；PQ_\infty)=-1$．这就说明 P 点是弦 AB 的中点，同时也是弦 A_1B_1 的中点，所以线段 $AA_1=BB_1$．

定理3 设有两同轴相似二次曲线，过内曲线上任意一

二、初等几何教材与教法研究

点 P 的切线被外曲线所截得的弦（切弦）必以 P 为中点.

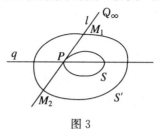

图 3

证明　设直线 l 与 S 相切于 P 点，l 上无穷远点为 Q_∞，则由配极原理可知 Q_∞ 关于 S 的极线 q 必过 P 点，由引理可知，Q_∞ 点关于 S' 的极线也为 q，所以如果直线 l 交 S' 于 M_1，M_2 两点，则交比 $(M_1M_2；PQ_\infty)=-1$，即 P 为 M_1M_2 的中点.

定理 4　过二次曲线任意一条弦的中点的同轴相似曲线必与该弦相切.

证明　设二次曲线 S 过 S' 的弦 M_1M_2 的中点为 P. M_1，M_2 的连线为 l，点 Q_∞ 是 l 上的无穷远点. 所以交比 $(M_1M_2；PQ_\infty)=-1$. 因此 Q_∞ 关于 S' 的极线 q 必过 P 点. 由引理可知 Q_∞ 关于 S 的极线也是 q，而 P 点又在 S 上，故 l 为 S 的切线.

顺便指出，彭文定理 1 中"椭圆直径除外"这一句是多余的. 因为如果同轴相似曲线 S 和 S' 具有相同中心，而中心不可能在二次曲线上，故过 S' 直径中点（即中心）的同轴二次曲线 S 是不存在的.

关于彭文中定理 5～8，因为只涉及双曲线，故无统一证明可言. 但是，完全类似地可用射影几何配极原理来证明，这里不再详述了.

参考文献

［1］梅向明，刘增贤，林向岩. 高等几何. 北京：高等教育出版

社，1988.

　　[2] 朱鼎勋，陈绍菱. 空间解析几何学. 北京：北京师范大学出版社，1981.

二、初等几何教材与教法研究

■四边形的面积 *

《数学通报》1991 年第 12 期刊登的"有外接圆四边形的一个面积公式"一文中给出一个求有外接圆四边形面积的公式

$$S=\sqrt{(p-a)(p-b)(p-c)(p-d)},\qquad(1)$$

其中 a, b, c, d 为该四边形的四条边长，$p=\dfrac{1}{2}(a+b+c+d)$.

其实这个公式可以推广到任意四边形. 即成立下述公式

$$S=\sqrt{(p-a)(p-b)(p-c)(p-d)-abcd\cos^2\theta},\qquad(2)$$

其中 θ 为四边形任意一对对角和之半. 如图，

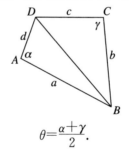

$$\theta=\frac{\alpha+\gamma}{2}.$$

显然，如果四边形有外接圆，那么 $\theta=\dfrac{\pi}{2}$，故 $\cos\theta=0$，公式（2）就化为公式（1）. 因此公式（2）是公式（1）的推广.

公式（2）的证明如下：

王申怀数学教育文选

---

* 本文作者王申怀，高连生. 原载于《数学通报》，1992（9）：19-20.

如图，$\triangle ABD$ 面积 $=\dfrac{1}{2}ad\sin\alpha$，$\triangle BCD$ 面积 $=\dfrac{1}{2}bc\sin\gamma$，

故四边形 $ABCD$ 的面积

$$S=\frac{1}{2}(ad\sin\alpha+bc\sin\gamma),\qquad(3)$$

再由余弦定理得

$$BD^2=a^2+d^2-2ad\cos\alpha=b^2+c^2-2bc\cos\gamma,$$

所以成立

$$a^2+d^2-b^2-c^2=2(ad\cos\alpha-bc\cos\gamma).\qquad(4)$$

由（3）式得

$$
\begin{aligned}
4S^2&=(ad\sin\alpha+bc\sin\gamma)^2\\
&=a^2d^2\sin^2\alpha+b^2c^2\sin^2\gamma+2abcd\sin\alpha\sin\gamma,\qquad(5)
\end{aligned}
$$

由（4）式得

$$
\begin{aligned}
&(a^2+d^2-b^2-c^2)^2\\
&=4(a^2d^2\cos^2\alpha+b^2c^2\cos^2\gamma-2abcd\cos\alpha\cos\gamma),\qquad(6)
\end{aligned}
$$

由（5）（6）式得

$$
\begin{aligned}
&16S^2+(a^2+d^2-b^2-c^2)^2\\
&=4[a^2d^2+b^2c^2-2abcd\cos(\alpha+\gamma)],
\end{aligned}
$$

因此

$$
\begin{aligned}
16S^2&=4(a^2d^2+b^2c^2-2abcd\cos2\theta)-(a^2+d^2-b^2-c^2)^2\\
&=4(a^2d^2+b^2c^2+2abcd)-(a^2+d^2-b^2-c^2)^2-\\
&\quad 16abcd\cos^2\theta\\
&=(b+c+d-a)(a+c+d-b)(a+b+d-c)\\
&\quad (a+b+c-d)-16abcd\cos^2\theta\\
&=16(p-a)(p-b)(p-c)(p-d)-16abcd\cos^2\theta,
\end{aligned}
$$

所以

$$S=\sqrt{(p-a)(p-b)(p-c)(p-d)-abcd\cos^2\theta}.$$

因为 $abcd\cos^2\theta\geqslant0$，所以由（2）式即可得出一个推论：有相同边长的四边形以有外接圆者面积为最大．特别地，在边长一定的菱形中，以正方形的面积为最大．

■算术—几何平均不等式的简单证明[*]

众所周知，给出 n 个实数 $a_i \geqslant 0$ （$i=1, 2, \cdots, n$），成立下述算术—几何平均不等式：

$$\frac{1}{n}(a_1+a_2+\cdots+a_n) \geqslant \sqrt[n]{a_1 a_2 \cdots a_n}. \tag{1}$$

当且仅当 $a_1=a_2=\cdots=a_n$ 时等号成立.

一般上述不等式均采用数学归纳法来证，但不太容易. 下面提供一个较为简单的直接证明.

为了证明（1）式，我们先证明下述不等式：

若 $x_k \geqslant 0$，且 $x_k \geqslant x_{k-1}$（$k=1, 2, \cdots, n$），则成立

$$x_n^n \geqslant x_1(2x_2-x_1)(3x_3-2x_2)\cdots[nx_n-(n-1)x_{n-1}]. \tag{2}$$

当且仅当 $x_1=x_2=\cdots=x_n$ 时等号成立.

证明　因为 $x_k \geqslant x_{k-1}$，则

$$x_k^{k-1}+x_k^{k-2}x_{k-1}+\cdots+x_{k-1}^{k-1} \geqslant kx_{k-1}^{k-1},$$

所以

$$\begin{aligned}
x_k^k - x_{k-1}^k &= (x_k-x_{k-1})(x_k^{k-1}+x_k^{k-2}x_{k-1}+\cdots+x_{k-1}^{k-1}) \\
&\geqslant kx_{k-1}^{k-1}(x_k-x_{k-1}).
\end{aligned}$$

当且仅当 $x_k=x_{k-1}$ 时等号成立. 因此

$$x_k^k \geqslant x_{k-1}^{k-1}[kx_k-(k-1)x_{k-1}]. \tag{3}$$

再令 $k=n, n-1, \cdots, 2$，依次代入（3）式，就可以得到（2）式.

* 本文原载于《数学通报》，1994（11）：封 3-4.

下面利用（2）式来证明（1）式，首先我们知道 n 个数的算术平均值和几何平均值与 n 个数相加或相乘的次序无关. 因此给出 n 个数后，我们总可以按其大小排列，然后再求它们的算术与几何平均值. 所以，为了证明（1）式，我们不妨假设 $a_n \geqslant a_{n-1} \geqslant \cdots \geqslant a_1$，这样如果令 $x_k = \dfrac{1}{k}(a_1 + \cdots + a_k)$ 就有 $x_k \geqslant x_{k-1}(k = 1, 2, \cdots, n)$. 又因为 $a_i \geqslant 0$，故 $x_k \geqslant 0$，因此（2）式成立，事实上，此时（2）式就可化为（1）式，即把 $x_k = \dfrac{1}{k}(a_1 + \cdots + a_k)$ 代入（2）式就得到（1）式，且当且仅当 $a_1 = a_2 = \cdots = a_n$ 时等号成立.

显然，上述证明比用数学归纳法来证容易得多.

■复数为什么不能比较大小 [*]

——兼评"充分利用教材，培养学生的思维品质"

《数学通报》1995 年第 1 期中"充分利用教材，培养学生的思维品质"一文中提到"复数与复平面内的点一一对应，复平面内的点没有顺序性．因此两个复数没有顺序性，所以两个复数，如果不全是实数，不能比较它们的大小"．这句话是错误的，复数不能比较大小，其原因不是"复数没有顺序性"．要弄清楚这个问题，首先要给顺序或说次序下一个明确的定义．

定义 设集合 A，规定 A 中元素之间一种关系，记为 $<$，它满足

(1) $\forall a \in A$，$a < a$；（自反性）

(2) $\forall a, b \in A$，$(a < b) \wedge (b < a) \Rightarrow a = b$；（反对称性）

(3) $\forall a, b \in A$，$(a < b) \wedge (b < c) \Rightarrow a < c$．（传递性）

称关系 $<$ 为 A 中的一个**次序**，称 A 为**半序集**．

显然，次序是一种前后关系，是一种"排队"的方式，但不一定是大小关系（下面再给大小下定义）．

有了次序的定义，我们就可以将平面上的点"排队"．即可规定平面上点的次序关系如下：

建立坐标，平面上点与实数对 (x, y) 成一一对应，用下述方式规定次序 $<$．

$P_1(x_1, y_1) < P_2(x_2, y_2) \Leftrightarrow (x_1 < x_2) \vee \{(x_1 = x_2) \wedge (y_1 < y_2)\}$ 容易验证，$<$ 关系是满足上述定义的．通常我们把这个

———————————

* 本文原载于《数学通报》，1995（5）：26-27．

次序称为"字典序".

由此可知复平面上的点是可以有顺序的. 那么为什么复数不能比较大小呢? 要弄清这个问题, 必须先了解大小的定义.

定义 若 A 是半序集, 且满足

(4) $\forall a, b\in A$, 必有 $a<b$ 或 $b<a$. (可比较性)(即 $a<b$, $b<a$ 两者必居其一) 称 A 为**全序集**.

定义 设 A 是全序集, 且 A 中有加法及乘法运算❶, 若 A 中的序关系 "$<$" 满足

(5) $a<b\Rightarrow a+c<b+c$; (加法保序性)

(6) $(a<b)\wedge(0<c)\Rightarrow ac<bc$. ❷ (乘法保序性)

则称 $<$ 为 A 中的大小关系, 此时经常把 $<$ 记为 $\leqslant$. 称 A 为**有序域**.

有了大小关系的定义, 就可以证明如下命题:

命题 若 A 是一个有序域, $a\in A$, $a\neq 0$, 则 $0<a^2$.

证明 若 $a\neq 0$, 由 (4) $0<a$ 或 $a<0$. 如果 $0<a$, 由 (6) $(0<a)\wedge(0<a)\Rightarrow 0<aa=a^2$. 如果 $a<0$, 由 (5) $a+(-a)<0+(-a)$, 即 $0<-a$. 再由 (6) $0<(-a)^2=a^2$. ❸ **证毕**.

73

❶ 对 A 中的加、乘运算 (+和×) 有如下要求:

(i) $\forall a, b\in F$, 唯一确定 $a+b\in F$, $a\times b\in F$;

(ii) 加乘运算满足结合律和交换律;

(iii) $\forall 0, 1\in F$ $(0\neq 1)$, 对 $\forall a\in F$ 有 $0+a=a$, $1\times a=a$;

(iv) $\forall a\in F$, $\exists -a\in F$, 使得 $a+(-a)=0$;

(v) $\forall a\in F$, $a\neq 0$, $\exists a^{-1}$, 使得 $a\times a^{-1}=1$;

(vi) 满足乘对加的分配律: $a\times(b+c)=a\times b+a\times c$.

此时称 A 为域.

❷ 这里我们证 $a\times c=ac$, $a\times a=a^2$.

❸ 若 A 是域, 则可以证明 $(-a)\times(-a)=a\times a=a^2$.

推论 复数不能建立大小关系.

证明 假设复数有大小关系$<$，则由 $1\neq0$ 及上述命题知 $0<1^2=1$，再由 (5) $0+(-1)<1+(-1)$ 得出 $-1<0$，又因为 $0<i^2=-1$，即 $0<-1$，矛盾.

综上可知，集合的顺序和数集的大小是两个层次不同的概念. 数集的大小关系不仅是一种顺序关系，而有对于加法和乘法两种运算还必须具有保序性. 复数集并非不能建立某种顺序关系，但是如上所证，绝不可能建立一种与加法和乘法相协调的（即保序的）顺序关系，所以，在这个意义上我们说复数不能比较大小.

■利用导数求费马问题的解[*]

《数学通报》1995年第1期"谈谈斯坦纳树"一文中诸丁柱教授介绍了费马问题，并用力学模拟方法解决此问题，如果在平面上我们引进坐标，那么费马问题就可化为求二元函数的极值问题，即：

设平面上三点 P_1，P_2，P_3，其笛氏坐标为 $P_i(x_i, y_i)$，$i=1$，2，3. 求一点 $P(x, y)$，使距离和

$$PP_1+PP_2+PP_3=\sum_{i=1}^{3}\sqrt{(x-x_i)^2+(y-y_i)^2}=f(x, y)$$

达到最小，这就是费马问题，点 P 称为费马点.

这样，我们自然会想起用（偏）导数来求二元函数 $f(x, y)$ 的极值. 如果距离和达到最小的 P 点存在，那么必有 $\dfrac{\partial f}{\partial x}=0$，$\dfrac{\partial f}{\partial y}=0$，因此得到

$$\sum_{i=1}^{3}\frac{x-x_i}{r_i}=0, \quad \sum_{i=1}^{3}\frac{y-y_i}{r_i}=0, \tag{1}$$

此处 $r_i=\sqrt{(x-x_i)^2+(y-y_i)^2}$.

考虑以下3维向量：

$$\boldsymbol{x}=(x-x_1, x-x_2, x-x_3),$$
$$\boldsymbol{y}=(y-y_1, y-y_2, y-y_3),$$
$$\boldsymbol{r}=\left(\frac{1}{r_1}, \frac{1}{r_2}, \frac{1}{r_3}\right),$$

则由（1）式及向量的点积公式可知

$$\boldsymbol{x} \cdot \boldsymbol{r}=0, \quad \boldsymbol{y} \cdot \boldsymbol{r}=0.$$

---

* 本文原载于《数学通报》，1995（11）：38-39.

因此向量 r 垂直向量 x 和 y 所在平面，故 $r /\!/ x \times y$. 再由向量叉积公式可知

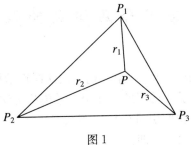

图 1

$$x \times y$$
$$= \left(\left| \begin{matrix} x-x_2 & x-x_3 \\ y-y_2 & y-y_3 \end{matrix} \right|, \left| \begin{matrix} x-x_3 & x-x_1 \\ y-y_3 & y-y_1 \end{matrix} \right|, \left| \begin{matrix} x-x_1 & x-x_2 \\ y-y_1 & y-y_2 \end{matrix} \right| \right)$$
$$= \pm (2A_1, 2A_2, 2A_3),$$

此处 A_1，A_2，A_3 分别为 $\triangle PP_2P_3$，$\triangle PP_3P_1$，$\triangle PP_1P_2$ 的面积，如果记 $\alpha_1 = \angle P_2PP_3$，$\alpha_2 = \angle P_3PP_1$，$\alpha_3 = \angle P_1PP_2$，那么得到

$$x \times y = \pm (r_2r_3\sin\alpha_1, r_3r_1\sin\alpha_2, r_1r_2\sin\alpha_3), \quad (2)$$

因为 $r /\!/ x \times y$，所以 $r = \lambda(x \times y)$，亦即

$$\left(\frac{1}{r_1}, \frac{1}{r_2}, \frac{1}{r_3} \right) = \lambda(x \times y),$$

将上式与 (2) 式比较，可知

$$\sin\alpha_1 = \sin\alpha_2 = \sin\alpha_3 = \frac{1}{\lambda r_1 r_2 r_3},$$

由此可知，$\alpha_1 = \alpha_2 = \alpha_3 = 120°$. 因此得到如果费马点存在且在 $\triangle P_1P_2P_3$ 内，那么必有 $\alpha_1 = \alpha_2 = \alpha_3 = 120°$.

另一方面，费马点 P 不能在 $\triangle P_1P_2P_3$ 外，否则必存在一直线 l，使点 P 与 $\triangle P_1P_2P_3$ 在直

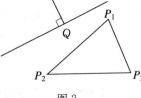

图 2

线 l 的异侧，作 $PQ \perp l$（Q 为垂足），设 $Q(\overline{x}, \overline{y})$.
$$QP_1 + QP_2 + QP_3 = \sum_{i=1}^{3} \sqrt{(\overline{x} - x_i)^2 + (\overline{y} - y_i)^2}$$
$$= f(\overline{x}, \overline{y}),$$
显然有 $f(\overline{x}, \overline{y}) < f(x, y)$. 这与假设 P 点为费马点矛盾.
又因为当 $\triangle P_1 P_2 P_3$ 三内角均小于 $120°$ 时，在三角形内存在唯一点 P 使 $\alpha_1 = \alpha_2 = \alpha_3 = 120°$，所以此点就是费马点.（严格说来，必须假设费马点存在）

如果 $\triangle P_1 P_2 P_3$ 有一内角不小于 $120°$（不妨假设为 P_1），那么由外角定理（三角形外角大于不相邻的内角）可知在 $\triangle P_1 P_2 P_3$ 内不存在这样的点 P，使 $\alpha_1 = \alpha_2 = \alpha_3 = 120°$. 因此，在 $\triangle P_1 P_2 P_3$ 内没有费马点，所以当 $\triangle P_1 P_2 P_3$ 有一内角不小于 $120°$ 时，费马点既不能在三角形内，又不能在三角形外，故费马点只能在 $\triangle P_1 P_2 P_3$ 的边界上了. 此时容易证明费马点必与内角不小于 $120°$ 的顶点重合.

总之，当 $\triangle P_1 P_2 P_3$ 内角有不小于 $120°$ 者，费马点应在最大内角角顶处，当 $\triangle P_1 P_2 P_3$ 内角均小于 $120°$，费马点应在满足 $\angle P_2 P P_3 = \angle P_3 P P_1 = \angle P_1 P P_2 = 120°$ 处.

■圆锥曲线是椭圆、双曲线和抛物线的解析证明[*]

在一次讨论《高中数学课程标准》的会议上，有人问如何证明一圆锥被一平面所截，得出截线是椭圆、双曲线或抛物线. 在《标准》选修 1 系列课程的参考案例 4 中画了一张立体图，意示可以用立体几何的办法加以证明. 其实这种证法大约最早是由 G. Daudeliu 在 1822 年给出的（可参阅 [1] 247）. 他给出了一个定理："如果两个球面内切于一个圆锥并且都与一个已知平面相切，该平面与圆锥交于一条圆锥曲线，那么球面与平面的接触点是圆锥曲线的焦点，球面与圆锥相切的圆所在的平面同已知平面的交线是圆锥曲线的准线." 再根据平面与圆锥轴线的夹角大小，就可分别得出此曲线为椭圆、双曲线或抛物线（可参阅 [2] 48）. 现在的问题是可否用解析几何的方法（或说用坐标法）来证明这个结论. 下面介绍一种解析证法.

设一圆锥被一平面 π 所截（π 不过圆锥顶点），我们建立以 π 面为 x，y 坐标面的一个空间坐标系，设顶点 V 的坐标为 (a, b, c)；圆锥轴线上的单位向量 e 的分量为 $(\cos \alpha, \cos \beta, \cos \gamma)$. 其中 α，β，γ 是向量 e 与 x 轴，y 轴，z 轴的夹角，称为方向角，显然有 $\cos^2 \alpha + \cos^2 \beta + \cos^2 \gamma = 1$ $\left(0 \leqslant \alpha, \beta, \gamma < \dfrac{\pi}{2}\right)$；圆锥的半顶角为 θ（$0 < \theta < \pi$）.

王申怀数学教育文选

* 本文原载于《数学通报》，2003（4）：9.

设 $P(x, y, z)$ 为圆锥面上任一点，则 $\overrightarrow{VP}$ 与 e 之间的夹角为 θ 或 $\pi-\theta$. 故有

$\overrightarrow{VP} \cdot e = |\overrightarrow{VP}| \cos \theta$ （因为 $|e|=1$）. $\overrightarrow{VP}$ 的分量为 $(x-a, y-b, z-c)$，所以

$$\overrightarrow{VP} \cdot e = (x-a)\cos \alpha + (y-b)\cos \beta + (z-c)\cos \gamma,$$

因此有

$$[(x-a)\cos \alpha + (y-b)\cos \beta + (z-c)\cos \gamma]^2 = [(x-a)^2 + (y-b)^2 + (z-c)^2]\cos^2\theta.$$

为了得到在 (x, y) 面上截线的方程，只需将 $z=0$ 代入上式即可，这是关于 x, y 的一个二次方程. 由此我们得到按上述方法建立的坐标系，一圆锥被一平面 π 所截得到的是一条二次曲线，因此必为椭圆、双曲线或抛物线.

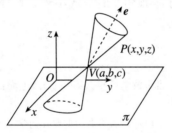

为了进一步讨论在何种情形下截线会是椭圆、双曲线或抛物线，我们可以建立这样的空间坐标系，以 π 面为 x，y 坐标面，且让 z 轴通过顶点 V，此时顶点 V 的坐标为 $(0, 0, c)$，即 $a=0$，$b=0$，所以截线的方程化为

$$(x\cos \alpha + y\cos \beta - c\cos \gamma)^2 = (x^2 + y^2 + c^2)\cos^2\theta,$$

化简得

$$(\cos^2\alpha - \cos^2\theta)x^2 + 2\cos \alpha\cos \beta xy + (\cos^2\beta - \cos^2\gamma)y^2 + （关于 x, y 的一次项及常数项）= 0.$$

为了判断上述二次曲线是何种曲线，只需讨论上述二次曲线的第二个基本不变量（严格说来还须说明此二次曲线是非退化的，直观上说这是显然的）.

$$I_2 = \begin{vmatrix} \cos^2\alpha - \cos^2\theta & \cos\alpha\cos\beta \\ \cos\alpha\cos\beta & \cos^2\beta - \cos^2\theta \end{vmatrix}.$$

若 $I_2 > 0$，曲线为椭圆；$I_2 < 0$，曲线为双曲线；$I_2 = 0$，曲线为抛物线．

令 $I_2 = 0$，得出 $(\cos^2\alpha - \cos^2\theta)(\cos^2\beta - \cos^2\theta) = \cos^2\alpha\cos^2\beta$，化简得，$\cos^2\alpha + \cos^2\beta = \cos^2\theta$，因此有 $1 - \cos^2\gamma = \cos^2\theta$，或 $\sin^2\gamma = \cos^2\theta$，所以得出 $\theta = \dfrac{\pi}{2} - \gamma$．又因为 $\dfrac{\pi}{2} - \gamma \ (=\eta)$ 表示圆锥轴线与 π 面的夹角，所以当 $\eta = \theta$（即 π 平行于圆锥的母线）时，截得曲线是抛物线，同样由 $I_2 > 0$（$I_2 < 0$）可得出 $\eta > \theta$（或 $\eta < \theta$），因此当截面 π 与圆锥轴线夹角大于半顶角 θ 时（或小于 θ 时），截得曲线是椭圆（或双曲线）．

参考文献

[1] 克莱因. 古今数学思想（第 3 册）. 上海：上海科学技术出版社，1988.

[2] 项武义，王申怀，潘养廉. 古典几何学. 上海：复旦大学出版社，1986.

王申怀数学教育文选

■矩阵——高中数学课的一项新内容[*]

目前我国的高中数学教材与国外的教材比较显得内容过于狭窄. 一些在现代科学技术上有广泛应用的数学知识，如向量、矩阵、微积分初步等在高中教材中均没有安排. 这对培养跨世纪人才是很不利的. 下面仅对矩阵是否应该作为高中数学内容来谈一下我们粗浅的看法.

一、在日常生活中我们经常遇见"矩阵"

例如，报上刊登 1995 年甲 A 足球联赛成绩如下：

队 名	胜	平	负	进球	失球	积分
上海申花	13	2	2	34	11	41
广东宏远	10	2	5	30	17	32
北京国安	9	4	4	27	16	31

在证券交易所的电视屏幕上出现的股票行情如下：

股票名称	昨收盘	成交量	今开盘
青岛啤酒	4.56	1034 050	4.56
上海凤凰	12.90	25 530	12.73
北京城乡	5.72	5 137 767	5.65
华联商厦	8.65	74 440	8.60

甚至在农贸市场上的每日菜价也是一个矩阵：

* 本文作者程艺华，王申怀. 原载于《学科教育》，1996（1）：20-22.

二、初等几何教材与教法研究

菜　名	批发价（元）	零售价（元）
白　菜	0.14	0.20
西红柿	1.20	1.60

总之，在生活中处处可见矩阵，只是人们没有意识到它的存在，设想如果不把上述 1995 年甲 A 联赛成绩中 18 个数据排成行列形式，即矩阵形式，如何能够说清楚各队的战绩情况？因此，矩阵在存储、分析处理大量数据时成为一个必不可少的工具. 在气象、军事科学等学科中经常出现大量的数据，不用矩阵来存储数据，根本就无法进行科学研究了.

二、矩阵的运算

如加、减法及矩阵的乘法在日常生活和科学研究中也经常出现，例如，一空调专卖店下设两个门市部销售 4 个牌子的空调器，第 2 季度销售情况如下：

第一门市部

		同力	松下	春兰	海尔
	4 月	10	6	4	9
M_1	5 月	15	10	2	10
	6 月	17	15	11	18

第二门市部

		同力	松下	春兰	海尔
	4 月	3	5	18	7
M_2	5 月	7	3	19	6
	6 月	19	10	22	13

这个季度这 4 种空调器的价格不变，其价格可用矩阵 A 表示（单位：元）：

$$\boldsymbol{A}: \begin{array}{l}\text{同力}\\\text{松下}\\\text{春兰}\\\text{海尔}\end{array}\begin{pmatrix}4\ 500\\6\ 500\\4\ 500\\6\ 000\end{pmatrix}.$$

①如果我们要知道第 2 季度每月各个牌子空调器总销售量是多少，只需将矩阵 $\boldsymbol{M}_1 + \boldsymbol{M}_2$ 即可.

②计算 $\boldsymbol{M}_1 - \boldsymbol{M}_2$ 就可知道第 2 季度的每月这两个门市部各种空调销售的差别.

③如果要知道第一（或第二）门市部每月的销售款，只需将矩阵 $\boldsymbol{M}_1$（或 $\boldsymbol{M}_2$）乘 $\boldsymbol{A}$ 即可.

如

$$\boldsymbol{M}_1\boldsymbol{A} = \begin{pmatrix}10 & 6 & 4 & 9\\15 & 10 & 2 & 10\\17 & 15 & 11 & 18\end{pmatrix}\begin{pmatrix}4\ 500\\6\ 500\\4\ 500\\6\ 000\end{pmatrix} = \begin{pmatrix}156\ 000\\201\ 500\\234\ 300\end{pmatrix},$$

即第一门市部 4，5，6 月的销售款分别为 156 000 元，201 500元，234 300 元.

三、矩阵是研究几何图形和几何变换的有力工具

平面上建立直角坐标系后，一般将点的横、纵坐标写成一个 1×2 矩阵即 $P(x,\ y)$，但也可用 2×1 的点矩阵 $\begin{pmatrix}x\\y\end{pmatrix}$ 来表示. 这样，如果设 $A(x_1,\ y_2)$，$B(x_2,\ y_2)$，$C(x_3,\ y_3)$，我们可用 2×2 矩阵 $\begin{pmatrix}x_1 & x_2\\y_1 & y_2\end{pmatrix}$ 来表示线段 AB，用 2×3 矩阵 $\begin{pmatrix}x_1 & x_2 & x_3\\y_1 & y_2 & y_3\end{pmatrix}$ 表示 $\triangle ABC$（或说折线段 $ABCA$）. 平面上的几何图形，如折线 $P_1P_2\cdots P_n$（设 $P_i(x_i,\ y_i)$，$i = 1,2,\cdots,$

n），都可用矩阵 $\begin{bmatrix} x_1 x_2 \cdots x_n \\ y_1 y_2 \cdots y_n \end{bmatrix}$ 来表示.

学了矩阵的乘法后，平面几何中学过的一些变换，如位似变换，相似变换，关于 x 轴、y 轴、直线 $y=x$ 对称的轴对称变换，以原点为中心的旋转变换，等等，都可以通过矩阵的乘法来实现.

例如 $\triangle ABC$ 的三个顶点 $A(1,1)$，$B(2,-1)$，$C(4,3)$，对应矩阵是 $\begin{bmatrix} 1 & 2 & 4 \\ 1 & -1 & 3 \end{bmatrix}$，我们用矩阵 $\begin{bmatrix} 2 & 0 \\ 0 & 2 \end{bmatrix}$ 左乘之，即

$$\begin{bmatrix} 2 & 0 \\ 0 & 2 \end{bmatrix} \cdot \begin{bmatrix} 1 & 2 & 4 \\ 1 & -1 & 3 \end{bmatrix} = \begin{bmatrix} 2 & 4 & 8 \\ 2 & -2 & 6 \end{bmatrix},$$

积矩阵代表顶点为 $A_1(2,2)$，$B_1(4,-2)$，$C_1(8,6)$ 的 $\triangle A_1 B_1 C_1$，$\triangle ABC$ 与 $\triangle A_1 B_1 C_1$ 是位似三角形，不难算出它们的相似比是 2，位似中心是原点 $O(0,0)$.

$$\begin{bmatrix} 1 & 0 \\ 0 & -1 \end{bmatrix} \overset{\triangle ABC}{\begin{bmatrix} 1 & 2 & 4 \\ 1 & -1 & 3 \end{bmatrix}} = \overset{\triangle A_2 B_2 C_2}{\begin{bmatrix} 1 & 2 & 4 \\ -1 & 1 & -3 \end{bmatrix}},$$

$\triangle A_2 B_2 C_2$ 与 $\triangle ABC$ 关于 x 轴对称.

$$\begin{bmatrix} -1 & 0 \\ 0 & 1 \end{bmatrix} \overset{\triangle ABC}{\begin{bmatrix} 1 & 2 & 4 \\ 1 & -1 & 3 \end{bmatrix}} = \overset{\triangle A_3 B_3 C_3}{\begin{bmatrix} -1 & -2 & -4 \\ 1 & -1 & 3 \end{bmatrix}},$$

$\triangle A_3 B_3 C_3$ 与 $\triangle ABC$ 关于 y 轴对称.

$$\begin{bmatrix} 0 & 1 \\ 1 & 0 \end{bmatrix} \overset{\triangle ABC}{\begin{bmatrix} 1 & 2 & 4 \\ 1 & -1 & 3 \end{bmatrix}} = \overset{\triangle A_4 B_4 C_4}{\begin{bmatrix} 1 & -1 & 3 \\ 1 & 2 & 4 \end{bmatrix}},$$

$\triangle A_4 B_4 C_4$ 与 $\triangle ABC$ 关于直线 $y=x$ 轴对称.

$$\begin{bmatrix} 0 & -1 \\ 1 & 0 \end{bmatrix} \overset{\triangle ABC}{\begin{bmatrix} 1 & 2 & 4 \\ 1 & -1 & 3 \end{bmatrix}} = \overset{\triangle A_5 B_5 C_5}{\begin{bmatrix} -1 & 1 & -3 \\ 1 & 2 & 4 \end{bmatrix}},$$

王申怀数学教育文选

$\triangle A_5B_5C_5$ 是 $\triangle ABC$ 绕原点旋转 $90°$ 的像.

$$\begin{bmatrix} -1 & 0 \\ 0 & -1 \end{bmatrix} \begin{bmatrix} \overset{\triangle ABC}{1} & 2 & 4 \\ 1 & -1 & 3 \end{bmatrix} = \begin{bmatrix} -1 & \overset{\triangle A_6B_6C_6}{-2} & -4 \\ -1 & 1 & -3 \end{bmatrix},$$

$\triangle A_6B_6C_6$ 是 $\triangle ABC$ 绕原点旋转 $180°$ 的像.

由此可知, 通过矩阵运算可以得到图形变换后的像, 这为定量地研究几何问题提供了有力工具. 同时为利用计算机证明几何问题和计算机画图打下了基础.

四、矩阵也是解线性方程组的有力工具

过去由于大矩阵的计算太繁杂, 人们往往望而却步. 随着计算机的发展, 矩阵运算可以通过计算机变得简单可行.

从前面的叙述可以归纳出矩阵的三种基本用途:

(1) 存储数据, 分析数据;

(2) 表示几何图形及其变换;

(3) 解线性方程组.

第一种应用只涉及矩阵的基本概念, 矩阵的简单运算, 而且在日常生活中矩阵也有着广泛的应用. 因此高中学生 (包括文科学生) 应该学习有关矩阵的知识, 而且只要三、四个课时就可以学会. 第二种应用涉及矩阵的几何意义及矩阵的简单运算, 而且可以配合解析几何的学习, 这对高中理科班的学生来说是不难掌握的. 矩阵的第三种用途涉及矩阵的初等变换, 行列式, 矩阵的秩等概念, 其理论属于高等代数, 对高中学生来说是困难些, 因此我们认为在高中阶段可以不讲或选学.

事实上, 中学生学习矩阵的第一、第二种应用, 就可以理解矩阵的基本概念、基本运算, 并且在生活中和工作中就可以应用所学的矩阵知识. 因此我们建议: 高中数学

教材中应该包括矩阵的内容，以矩阵的基本概念、基本运算为主，学习矩阵存储数据及其几何表示．至于用矩阵解线性方程组可限于二元、三元的情形，这些内容在国外的许多教材中已经作为重要必学内容了．

参考文献

［1］The University of Chicago School Mathematics Project. Advanced Algebra，Chapter 4. Matries. 180-243.

86

王申怀数学教育文选

三、几何课程教改探讨

■数学证明的教育价值[*]

目前，数学教育界都在关注《义务教育数学课程标准（初稿）——目标体系》的研讨，其中一个热门的话题是如何处理中学几何课程的改革．争论焦点之一是如何看待几何中逻辑推理的教育价值．为此，笔者认为首先应该探讨一下数学证明的教育价值．

一、问题的提出

从一组原始概念和命题（即公理）出发，经过逻辑推理得到一系列的定理和证明，这就是几千年来数学学科所遵循的研究模式．但随着数学的发展，特别是电子计算机的出现，人们对上述研究模式产生了怀疑．其中最典型的一个例子就是所谓"四色问题"的证明．下面详细谈一下由"四色问题"所引起的争论．

1852 年，英国数学家 F. Guthrie（格思里）在给他弟弟的一封信中说："看来每幅地图若用不同颜色标出邻国，只要用四种颜色就够了．"这就是"四色问题"的由来．一百多年来数学家们不断努力企图用数学方法来证明这个结论．直至 1970 年左右，问题归结为计算几千个不可约构形的问题[1]，但其计算量之大是难以想象的，因此人们望而生畏．1976 年美国两位计算机专家 K. Appel（阿佩尔）和 W. Haken（哈肯）找到了一种新的计算方法．他们用了三

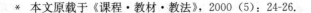

＊　本文原载于《课程·教材·教法》，2000（5）：24-26．

台 IBM 计算机经过 1 000 多个小时（约 52 天）的运算，"证明"了格思里提出的结论是正确的. 因此，"四色问题"得到了"证明".

阿佩尔和哈肯的"证明"引起了人们的争论. 首先，他们的"证明"，其计算机程序就达 400 多页，要用人工去检验其程序有无问题是十分吃力的. 因此，似乎无人愿意再去重复阿—哈的"证明". 其次，能否保证计算机在计算过程中绝对不出错误？第三，人们无法确定计算出现错误是计算机本身的机械或电子方面的毛病，还是"证明"过程本身逻辑有问题.

于是就引起了什么是"数学证明"的争论.

有些数学家认为数学证明只能是以人工可重复检验的逻辑演绎（计算也是一种演绎）过程，否则只能称为计算机证明，二者不能混为一谈. 因此，按这种观点，"四色问题"只能称已得到了计算机证明，而不能称已得到了数学证明.

王申怀数学教育文选

但是，另一些数学家反驳说，用人工来检验也可能产生错误. 例如，数学史上曾有不少数学家（如意大利的 Saccheri，法国的 Legendre）声称他们已"证明"了欧几里得第五公设（即欧氏平行公理）. 但后来发现他们的"证明"均有问题，其主要错误在于他们利用了与第五公设等价的命题，因此从逻辑上说他们都犯了循环论证的错误.

另外人工逻辑演绎证明可以重复吗？

众所周知，群论中有一个著名的所谓有限单群的分类定理，单群的概念是由 Galois（伽罗瓦）在 1830 年最初给出的. 100 多年来数学家企图对单群进行分类. 直至 20 世纪 80 年代，由 100 多位数学家组成的非正规"队伍"，他们共同努力列出所有的单群并证明这样的列举是完全的. 在花费了成千上万个小时以及发表了几百篇论文之后，这项工作才得以完成，证明长达 15 000 多页！[2] 试问谁还愿意（或说可能）去重复他们长达 15 000 多页的证明？（恐怕连读一遍都不愿意）

于是问题就不集中在"证明"是否可检验的问题上了，而在于人们如何来理解"证明"的真正含义. 数学证明的功能到底是什么？

二、数学家们对数学证明的看法

国际数学教育委员会（ICMI）在《计算机对数学和数学教学的影响》报告中指出："借助于计算机的证明不应该比人工证明加以更多的怀疑……我们不能认为计算机将增加错误证明的数目，恰恰相反对计算机证明的批评，例如四色问题的证明，主要集中在它仅依靠蛮力和缺乏思考的洞察力……计算机证明会给人们带来一些新启示，会激励人们去寻找更好的、更短的、更富有说服力的证明，会鼓励数学家去更准确地把握形式化的想法."

英国数学家 Atiyah（阿蒂亚）在评论"四色问题"的证明时说："这证明是一大成功，但在美学观点上看极令人失望. 完全不靠心智创造，全靠机械的蛮力. 科学活动的目的是理解客观世界并进而驾驭客观世界，然而我们能说'理解'了四色问题的证明了吗？""数学是一种艺术，一种使人摆脱蛮力计算，而且成熟概念和技巧，使人更轻松地漫游."[3]

Bourbaki（布尔巴基）在《数学的建筑》一书中说："单是验证了一个数学证明的逐步逻辑推导，都没有试图洞察获得这一连串推导的背后的意念，并不算理解了那个数学证明.""电子计算机证明不满意者并非它没有核实命题，难道用人工花几个月检验几百页证明便更可靠了吗？而是它没有使我们通过证明获得理解."

C. Hanna 说："证明是一种透明的辩论，其中用到的论据、推理过程……都清楚地展示给读者，任由人们公开批评，不必向权威低头."

J. Horgen 在《科学的美国》杂志上发表一篇题为《证明的死亡》中指出："用计算机作实验，来证明建立定理，如四色问题，任何人不能执行如此长的计算，也不能指望用其他办法验证它……因此这就突破了传统证明的观念，所以，不能再以逻辑推理作为证明数学命题的唯一手段."

R. Wilder（怀特）说："我们不要忘记，所谓证明不只在不同的文化有不同的含义，就连在不同的时代也有不同的含义.""很明显，我们不会拥有而且极可能永远不会有一个这样的证明标准独立于时代，独立于所要证明的东西，并且独立于使用它的个人或某个思想学派."

更有甚者，英国数学家 G. H. Hardy（哈代）说："严格说起来根本没有所谓数学证明……归根结底我们只是指出一些要点……李特伍德（是和哈代长期合作的一位数学家——笔者注）和我都把证明称之为废话，它是为打动某些人而编造的一堆华丽辞藻，是讲演时来演示的图片，是激发小学生想象力的工具."[4]

从以上一些数学家对"证明"的看法，我们可以得出这样的结论：证明的真正含义并不在于检验核实命题，而在于理解命题，启迪思维，交流思想，导致发现.

很明显，如果你能给出某一命题的一个证明，那么你可以说你理解了（或说你懂了）这个命题. 如果你能用这个命题的证法去解决另一个问题，例如，学生用一个定理的证法去做一道习题，那么，你在解决这个问题的思维过程中必然是受到原来命题证法的启发. 为了你和其他人交流对某一命题的理解，最好的办法就是你们共同商讨对此命题的证明. 下面我们再来较详细地讨论一下证明能够导致发现的功能.

前面已经说过，意大利数学家 Saccheri 和法国数学家 Legendre 对第五公设的"证明"，显然他们都没能证明欧氏平行公理，但是通过他们的证明使后来的数学家对欧氏平行公理有了更为深刻、更为清楚的理解，并最后导致了非欧几何的发现. 因此，Saccheri 和 Legendre 等人被公认为发现非欧几何的先驱者. 事实上，Saccheri 和 Legendre 等人的思想方法已经打开了一条通向非欧几何的大门. 因为他们从第五公设不成立这一假定下推出的许多事实，恰恰就是非欧几何中的定理.

计算机证明同样有导致发现的功能，其中一个较为典型的例子是分形几何的创立. 早在 20 世纪 20 年代，法国数学家 Julia 就开始着手研究分形几何，但是由于这种几何图形的惊人复杂性，Julia 的研究沉寂了几十年. 直到 20 世纪 60 年代以后，美国数学家 B. Mandelbrojt（曼德尔勃罗）开始用计算机来画图，才使分形几何得到了真正的发展. 因此人们普遍认为分形几何是由曼德尔勃罗创始的.[5]

由于计算机的介入，新一代的数学家已经开始在计算机上实验自己的各种思想. 甚至他们宣布自己是实验数学家，着手建立数学实验室，创办《实验数学》杂志. 同时他们对数学提出了一些新的看法：

1. 对数学追求的是理解，而不是证明；

2. 重视发现与创造，数学的本质在于思想的充分自由与发挥人的创造能力；

3. 追求对解决问题的数学精神，利用数学更好地解决、处理复杂的自然现象.

三、数学证明教学价值的新理解

如前所述，数学证明的真谛不在于能证明命题的真假，而在于它能启发人们对命题有更深刻的理解，并能导致发现，因此这就突破了传统教学中对数学证明的观念．特别是由于计算机介入了证明之中，用机器证明产生定理（如四色问题等），所以人们不再以逻辑推理作为证明数学命题的唯一手段，于是提出"实验证明"的想法，即实验也应该成为判断数学命题真假的一种手段．人们不再一味地追求证明所得出的结论，而在于通过证明的过程去追求对数学知识的真正理解．

另外，从认知理论的观点来看，数学知识不能简单地由教师传递给学生，而应该通过学生自己认知结构的改变去建构学生自己对数学的理解．因此，在数学中如果只重视逻辑演绎式的数学证明将无助于学生真正掌握数学知识，无助于学生形成良好的认知结构．命题教学的目的不应是去核实命题的正确性，而是要让学生通过证明去理解命题，并能重新构建学生自己的新认知结构．

王申怀数学教育文选

综合以上观点，我们认为数学证明的教育价值在于：

1. 通过证明的教与学，使学生理解相关的数学知识；

2. 通过证明，训练和培养学生的思维能力（包括逻辑的和非逻辑的思维）以及数学交流能力；

3. 通过证明，帮助学生寻找新旧知识之间的内在联系，使学生获得的知识系统化；

4. 通过证明，使学生更牢固地掌握已学到的知识，并尽可能让学生自己去发现新知识．

根据以上观点，我们在数学教学中应该重视非逻辑证明的教学；适当降低和减少逻辑演绎在数学教学中的地位与时间，加强实验、猜测、类比、归纳等合情推理在数学教学中的地位与作用．这里需要注意的是要合理选择学生能够接受的逻辑证明与非逻辑证明的方法，强调一种、排斥另一种证明方法都会妨碍学生对数学的认识与理解．

参考文献

［1］K. Devlin. 李文林，等译. 数学：新的黄金时代. 上海：上海教育出版社，1997.

［2］申大维，等译. 数学的原理与实践. 北京：高等教育出版社，1998.

［3］M. 阿蒂亚. 数学的统一性. 南京：江苏教育出版社，2009.

［4］G. H. 哈代. 一个数学家的辩白. 南京：江苏教育出版社，2009.

［5］王健吾. 数学思维方法引论. 合肥：安徽教育出版社，1996.

三、几何课程教改探讨

■论高等院校几何课中的思想和方法 *

数学研究对象之一为现实世界中的空间形式. 在研究过程中除了以反映空间形式的几何图形作为研究主体外, 还常把整个空间作为研究对象. 这一点正是高等几何与初等几何的区别之一. 因此, 不同的几何课程在这两方面就应该有所侧重. 例如, 解析几何是以研究图形性质为主, 几何基础是以研究整个空间结构为主, 射影几何则两者兼而有之.

确定了几何研究对象之后, 采用什么方法就成为一个首要问题. 作为教学不可能也不必要把最新的数学学科研究的成果与方法搬到课堂中来, 但是为了改变数学课程中几何教学落后于现代数学发展的状况, 我们认为必须把现代数学（几何）的思想方法与研究手段引入到课堂教学中来, 因为这是培养学生数学能力的重要途径. 正如曹才翰教授所说: "无论从数学的认知结构的角度, 还是从数学概括的角度探讨数学能力的实质, 都强调了数学思想和方法的重要性……要培养数学能力, 就必须重视数学思想和方法的教学."[1] 而几何课中恰恰蕴涵了丰富的数学思想和多种多样的数学方法, 所以我们更应重视几何课中数学思想和方法的探讨.

* 数学天元基金（数学教育）资助项目. 本文原载于《数学教育学报》, 1994, 3 (2): 43-46.

1. 解析几何中的坐标法与向量法

首先我们不能简单地把解析几何理解成坐标几何. 解析几何（这里是指欧氏解析几何）的实质是空间的几何结构代数化，需要注意的是：不是每一种几何学的空间都可以代数化的，例如非欧几何就不能代数化. 因为欧氏空间存在着全空间的平移和相似. 这两个良好的几何性质为空间结构的代数化提供了可能性. 换句话说，可以用一些基本几何量和它的某些代数运算来描述空间的结构，这就是向量和它的线性运算. 因此解析几何的基本原理是用向量代数去研究几何学. "在这个意义下，解析几何和线性代数是不可分割的，因此，把它们结合起来作为统一课程是值得鼓励的尝试". [2]

为了有效地运用向量，可以通过选取基准点（原点）和基准向量来建立坐标系. 这样就可以把向量运算归于坐标（数）运算，使向量运算化为单纯的实数运算.

通过上述分析就可以知道为什么解析几何中有可能使用向量和坐标这两个有力的工具. 因此在教学过程中这两者不可偏废.

2. 坐标变换下的不变量思想和方法

在取定坐标系后，点就是坐标，图形就有方程，且在不同坐标系下图形的方程就会不同. 这样自然要问：图形的几何性质会不会受坐标系的影响. 显然，图形的性质是图形本身固有的，与坐标系选取无关. 但解析几何中用代数方程来研究图形性质必然与坐标选取有关，解决这个"矛盾"的想法就是先讨论点的坐标在不同坐标系的变化规律，然后讨论哪些代数式在坐标变换下是不变的，再讨论这些代数式所表达的几何信息，这就是不变量的思想.

如在平面解析几何中，两直线 l_i（$i = 1, 2$）可以用方

程 $A_i x + B_i y + C_i = 0$（$i=1$，2）来表示，它们之间夹角 θ 可用公式 $\tan\theta = \dfrac{A_1 B_1 - A_2 B_2}{A_1 A_2 + B_1 B_2}$ 来计算，因为 l_1 与 l_2 的夹角 θ 与坐标选取无关. 因此上述公式要有几何意义，首先要证实量 $\dfrac{A_1 B_1 - A_2 B_2}{A_1 A_2 + B_1 B_2}$ 在坐标变换下是不变的，即为不变量. 这一点在目前的某些教科书中或在教学中常常被忽略了. 这不能不说是一个遗憾. 因为它把一个重要的几何思想（不变量）忽略了（同样还有两点之间距离公式，三角形面积公式等）.

顺便提一下，不变量思想不仅在解析几何中应该强调，在其他几何，如射影几何中也应强调. 射影几何是研究图形的射影性质. 而交比是在射影变换下保持不变的，因此交比是射影不变量，所以交比应该作为射影几何研究的核心.

3. 射影几何中的代数法与综合法

综合法对几何图形的定性研究有独到之处. 这一点在历史上和目前的教学中均有被忽视的倾向."在 Descartes 和 Fermat 引进解析几何学以后的百余年里，代数和分析的方法统治了几何学，几乎排斥了综合方法."[3] 所以 19 世纪有些几何学家就产生了一些逆反心理，以 Poncelet，Steiner 为代表的几何学家"拒绝使用解析方法，并开始了纯粹几何学的奋斗;""理直气壮地怀疑解析证明的正确性，贬之为仅供参考的一些结果."[3] 从这些几何学家的逆反心理也可以看出综合法在几何学的研究中没有得到应有的重视.

晚年的 Lagrange 对分析法和综合法有一个恰当的评述："虽然分析学也许比旧的几何学的（通常被不适当地称为综合的）方法要优越，但是有一些问题中后者却显得更优越，部分是由于其内在的清晰，部分是由于其解法的优美平易，甚至有一些问题，代数的分析有点不够用，似乎只有综合的方法才能制服."[3] 可以这样认为，综合法每一步都是几何的，有其直观形象，分析法因为其方法和结果都是代数的，因此它们的几何意义都是隐蔽的，只有到最后翻译为几何语言时才被明朗化. 因此有人把"综合法"比作"乘公共汽车"；把分析法比作"乘地铁". 公共汽车行走时会遇上红绿灯，但能欣赏沿途的风景；地铁虽然通行无阻，但完全看不到路旁的景致，只有走上地面后才知道已达目的地. 我们认为这个比喻是很生动很恰当的. 因此在教学过程中这两者不可偏废，应该互相补充，互相协调. 而不必过分强调整个课程中所使用数学方法的统一性与完整性.

4. 变换群的思想与方法

克莱因提出的变换群思想对几何学研究所起的重大作用是众所周知的. 用变换群的思想来研究图形性质，也就是用"动"的观点来研究图形性质，这对几何教学也有很大启示.

如在 $\triangle ABC$ 的三边上取 AX，BY，CZ 各等于其边的 $\frac{2}{3}$，试证 $\triangle XYZ$ 面积等于 $\frac{1}{3} \triangle ABC$ 面积.

这个问题中涉及的是线段比及面积比，因为这些量都是仿射变换群下的不变量，因此我们通过一个仿射变换可以把 $\triangle ABC$ 变成正三角形，然后证明之，便可得出原来图形也有这个性质，这就大大简化了证明过程.

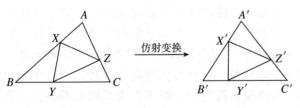

图 1

在射影几何中利用这种变换的思想和方法来研讨几何问题就显得更重要了．因为射影几何是探讨图形在射影变换下不变性质，这样就可用一个中心投影的办法把一个复杂图形投成一个较简单的图形再来探讨它的性质．如图 2中，将直线 PQ 投射到无穷远后，笛沙格定理就化为下述初等几何问题：若 $A_1'B_1' \parallel A_2'B_2'$，$A_1'C_1' \parallel A_2'C_2'$，且 $A_1'A_2'$，$B_1'B_2'$，$C_1'C_2'$ 共点，则 $B_1'C_1' \parallel B_2'C_2'$．

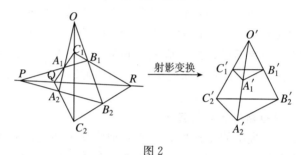

图 2

同样有关圆锥曲线（即二次曲线）的问题可以化为圆的问题来解决，有关四边形的问题可以化为平行四边形来解决（可参阅 [4]）．

5. 公理法和模型（解释）思想与方法

公理法的思想目前已渗透到现代数学的各个分支．作为数学（特别是几何学）所关心的只是其命题之间的逻辑相关性．更精确地说，它所研究的是从若干命题（公理）逻辑地推导出所有其余命题，因此公理法成为研究数学的一个基本方法．成功地运用公理法的典型例子是希尔伯特在《几何基础》一书中所叙述的公理系统．前苏联数学家拉舍夫斯基曾给出这样的评论："希尔伯特成功地建立了几何学的公理系统，如此自然地划分公理，使得几何学的逻辑结构变得非常清楚……即使作为基础的不是整个公理系统，而是按照自然方式划分公理系统而成的某些组公理，依然能够研究几何学究竟可以展开到多远."（可参阅［5］）美国数学家 M. 克莱因给出这样的评论："Hilbert 公理集的一个美妙的特点是：如果用 Lobatchevesky—Bolyai 公理代替 Euclid 平行公理而其余公理保持不变，马上就可以得到双曲型非 Euclid 公理集."

　　用公理法来研究几何，其首要问题就是要解决公理体系的相容性或称无矛盾性. 如何来证明一个公理体系是相容的，靠演绎推理的方法是不行的. 因为推出多少个定理没有发现矛盾，也不能保证继续推导下去永远不会发生矛盾. 因此必须采用别的方法，即数学上称为解释或作模型的方法来证明公理系统的相容性. 希尔伯特在《几何基础》一书中成功地证明了如果实数理论是相容的，则欧氏几何公理体系是相容的（参见［5］）.

　　利用模型不但可以证明公理系统的相容性，而且模型本身对这种几何学的研究提供了一个直观而清晰的场地（详细内容可参阅［6］）.

6. 微分几何中的流形思想与张量分析方法

　　目前微分几何课程中主要讲述曲线和曲面的局部性质. 曲面上的几何可以集中在曲面本身进行研究，因此曲面本身就可以看成一个二维空间，这种想法最早是由高斯提出来的. 这种由两邻近点距离平方 ds^2 所确定的几何就称为曲面的内蕴几何，而与周围的三维欧氏空间无关. 高斯这一想法和意义是极其深刻的，它为微分几何的发展开辟了一个很大的领域. 黎曼推广了高斯的这种思想，他"把（n 维）空间叫做一个流形，n 维流形中的一个点，可以用 n 个变参数 x_1，$\cdots$，x_n 的一组指定的特定值来表示，而所有这种可能的点的总体就构成 n 维流形本身，正如一个曲面上的点的全体构成曲面本身一样，"为了讨论 n 维流形上的几何，我们同样可以引入两个邻近点 $(x_1, \cdots, x_n)$ 和 $(x_1 + \mathrm{d}x_1, \cdots, x_n + \mathrm{d}x_n)$ 之间距离的平方 $\mathrm{d}s^2 = \sum_{i=1}^{n} g_{ij} \mathrm{d}x_i \mathrm{d}x_j$,其中 g_{ij} 是 $(x_1, \cdots, x_n)$ 的函数,且 $g_{ij} = g_{ji}$. 如同解析几何一样,一个式子如果能表达一个几何信息,则此式必须是坐标变换下的不变量. 但在 n 维流形中讨论的不变量,不仅包含有 $\mathrm{d}x_i$,而且还可以包含系数 g_{ij} 的导数,所以它被称为微分不变量,以二维为例,若 $\mathrm{d}s^2 = E\mathrm{d}u^2 + 2F\mathrm{d}u\mathrm{d}v + G\mathrm{d}v^2$,则曲面的高斯曲率 K 可写为 $K = \dfrac{1}{H}\dfrac{\partial}{\partial u}\left(\dfrac{FE_2 - EG_1}{2HE}\right) + \dfrac{1}{H}\dfrac{\partial}{\partial v}\left(\dfrac{2EF_1 - FE_1 - EE_2}{2HE}\right)$,其中 $H = (EG - F^2)^{\frac{1}{2}}$,$E_1 = \dfrac{\partial E}{\partial u}$,$E_2 = \dfrac{\partial E}{\partial v}$,$F_1 = \dfrac{\partial F}{\partial u}$,$G_1 = \dfrac{\partial G}{\partial u}$(参见 [7]). 如果坐标变换为 $u' = f(u, v)$,$v' = g(u, v)$ 而 $\mathrm{d}s^2$ 变成 $E'\mathrm{d}u'^2 + 2F'\mathrm{d}u'\mathrm{d}v' + G'\mathrm{d}v'^2$,那么可以证明 $K = K'$,其中 K' 与上式 K 的表达式相同,不过是用带撇来代替不带撇的变量,因此高斯曲率 K 是一个微分不变量.

王申怀数学教育文选

　　由此可知:为了研究流形的几何性质(这种几何为黎曼几何)我们必须对微分不变量加以研究,必须创造出一种新的解析工具和表示方法,以适合在 n 维流形中对微分不变量的研究. 显然这种新的解析工具和表示方法(即引进的新算法和新记号)仅依赖于流形本身的性质,而不依赖于所采用的坐标,这就是张量分析的起源.

　　张量分析最早是由 Ricci 和 Levi-civita 在"绝对微分及其应用"一文中提出的,它已成为研究微分几何的有力工具. 它可以把微分几何的许多概念重新用张量的形式来表示. 爱因斯坦在广义相对论的研究中大量利用张量分析,这就改变了张量分析只能应用于某些几何问题的情形. 从而引起了人们对张量分析与黎曼几何的极大兴趣与注意,n

维流形的思想和张量分析的创立不但为研究微分几何提供了方便，同时也使微分几何在理论物理中得到超乎寻常的应用.

参考文献

［1］曹才翰. 中学数学教学概论. 北京：北京师范大学出版社，1990.

［2］南开大学数学系编. 空间解析几何引论（上册）. 北京：人民教育出版社，1978.

［3］［美］M. 克莱因. 古今数学思想（第3册）. 上海：上海科学技术出版社，1988.

［4］王申怀. 化二次射影几何问题为初等几何问题. 数学通报，1993（4）.

［5］［德］D. 希尔伯特. 几何基础（第二版，上册）. 北京：科学出版社，1987.

［6］梅向明. 用近代数学观点研究初等数学. 北京：人民教育出版社，1989.

［7］T. J. Willmore. An introduction to Differential Geometry. oxford，1959.

三、几何课程教改探讨

■试论数学直觉思维的逻辑性及其培养*

数学直觉思维一般表现为直念、灵感和想象这三种具体的形式. 也就是人们对研究对象作出的一种迅速的理解、识别和判断，是人们对研究对象本质的一种极为敏锐的反应与领悟，也是人们对研究对象进行了长期专注的思考后，伴之而来的对解决问题的一种期望与渴求. 这就是人们经常所说的是一种数学"洞察力". 而这种"洞察力"无论对于一个学习数学的学生来说，或是对于一个数学工作者来说，都是极其重要的. 它从一个侧面反映出一个人的数学修养及品质.

数学直觉思维是否具有逻辑性这个特征，是一个值得商讨的问题. 我们认为，产生直觉思维最重要的条件是人们对所研究的对象进行过长期的逻辑性思考. 同时，整个数学活动的基石是逻辑思维，正如曹才翰教授所说："在数学中没有逻辑的思维是不能进行的. 即使能进行，那对认识和解决数学问题可能也是无用的. 因此，我们不同意数学直觉思维是非逻辑的提法."

数学直觉思维具有逻辑性这个特征，可以从以下几个方面看出.

王申怀数学教育文选

———————————
* 本文原载于《数学教育学报》，1992，1（1）：66-69.

（一）数学直觉思维表现出的直念、灵感和想象这三种具体形式都是长期思考、推测与判断的最终结果

一般说来，直念表现为对事物本质的一种极其敏锐的观察和反应；灵感表现为人们对长期思索而未能解决的问题的一种突然性领悟和感觉；想象表现为对已有记忆的形象作出一种新的创造和革新．但是，这三种具体形式都有一个共同的基础，这就是在人们的头脑中对研究对象都已作了较为长期的思考，推测与判断，虽然对问题的解决还可能是一筹莫展，但是这个研究对象或所要解决的问题已经在人们的头脑中进行了较为长期的逻辑加工了．也就是说，上述的思考、推测判断的过程均是按照一定的逻辑法则进行的，而绝不可能是胡思乱想或盲目瞎猜．因此，只有在按逻辑法则进行的长期思考、推测与判断的基础上，才能产生出直念、灵感与想象的火花，使人感到"茅塞顿开"，问题会得到突然的解决．

数学直觉思维虽然也表现出突发性，暂短性和无意识性，甚至难以预料．但是，这种突发性，暂短性和无意识性都有其深刻的原因，而绝不是盲目的，无准备的和随意的．

例如，四元数的发现可以认为是数学直觉思维结果的一个典型例子．哈密顿曾这样描述他的发现过程：

"当我和 Lady Hamilton 步行去都柏林途中来到勃洛翰桥的时候，它们（指四元数——笔者注）就来到了人间，或者说出生了，发育成熟了．这就是说，此时此地我感到思想的电路接通了，而从中落下的火花就是 I，J，K 之间的基本方程……我感到一个问题就在那一刻已经解决了，智力该缓口气了，它已经纠缠住我至少 15 年了．"

哈密顿所说的"电路接通了，而从中落下的火花就是 I，J，K 之间的基本方程，"正说明四元数的发现是由于哈密顿的灵感的结果. 但他又十分明确地指出"它已经纠缠住我至少15年了",这说明哈密顿对四元数这个研究对象已经进行了长达15年的逻辑性思考,推测想象 I, J, K 之间应该满足什么样的条件或方程,然后才能发现四元数. 所以,哈密顿的这个"灵感"的突然产生是他长期进行逻辑思维的必然结果.

由于数学直觉思维具有无意识性等原因,因此直觉思维的结果也可能是错误的. 但是,这并不能说明数学直觉思维是非逻辑性的. 下面再举一个由数学直觉思维得出了错误的结果,后来又经过进一步的思考得出了一个新的结论的例子.

自17世纪牛顿、莱布尼茨建立微积分学以来,人们凭借直觉一直认为连续函数一定是可微的. 甚至到了19世纪初,"波尔查诺和柯西已经(多少)严密化了连续性和导数的概念,但是柯西和他那个时代的几乎所有的数学家都相信,而且在后来50年中许多教科书都'证明',连续函数一定是可微的."

我们现在知道这个结论是错误的,但是这并不能说明当时数学家们所进行的数学直觉思维是非逻辑性的. 情况恰恰相反,我们再仔细地考察一下为什么有"许多教科书都'证明'连续函数一定是可微的"? 追其根源是当时人们对函数、连续、微分等概念的认识缺乏严密的逻辑基础. 例如"18世纪占统治地位的函数概念仍然是:函数是由一个解析表达式(有限的或无限的)所给出的." "至于连续函数,欧拉像莱布尼茨及18世纪的其他作者一样,把它当做由解析式规定的函数;他的'连续'一词,实际上是我们所说的'解析'." 因此,按当时人们对函数、连续性的理解,"直觉"到连续函数一定是可微的,这也就是很自然的事了. 因此,这个"数学直觉思维"虽然得出了错误的

结论，但是它仍然是具有逻辑性的．也就是说，19 世纪以前的许多数学家的这种凭直觉的判断也是按逻辑思维形式来进行的．在以后微积分基础严密化的过程中，外尔斯特拉斯经过长期的逻辑性思维，在 1872 年给出了一个处处不可微的连续函数的经典例子，使数学界为之一惊！因此，是否可以这样认为，这个结论错误的"直觉思维"是人们对整个研究对象（函数）进行长期逻辑思维过程的一个环节．

（二）只有把数学直觉思维看成是逻辑性思维，才可能有意识地加以培养

在数学发现或数学学习过程中，数学直觉思维都是不可缺少的．著名数学教育家波利亚指出："数学的创造过程是与任何其他知识的创造过程一样的．在证明一个数学定理之前，你先得猜测这个定理的内容，在你完全作出详细证明之前，你先得推测证明的思路……这个证明是通过合情推理，通过猜测而发现的．只要数学的学习过程稍能反映出数学的发明过程的话，那么就应当让猜测、合情推理占有适当的位置．"

把"猜测、合情推理"看成是数学直觉思维，就是要人们注意在数学教学过程中有意识地去培养学生的数学直觉思维．如果我们认为数学直觉思维是非逻辑性的，那么我们就没有必要也没有可能在数学教学过程中去有意识地加以培养了．张乃达认为："直觉思维是分析思维的高度简约……我们必须对直觉思维的过程作慢镜头的解剖，找出（或复原）被它简约了的环节，也就是说要为直觉的产生铺设一条逻辑的道路．"并且他以一种提问的方式认为"能否通过逻辑思维的训练达到培养直觉思维的效果？"我们认为，张乃达教授的提法是很有道理的．这种提法所以正确，

是基于把数学直觉思维看成是具有逻辑性的.

（三）通过培养数学直觉思维能力的实际过程，看其逻辑性特征

我们认为，数学直觉思维是可以通过观察、对比、想象等方法来培养的. 而正确的观察、对比、想象等方法必须是以逻辑思维为基础的. 下面我们举一个具体实例来说明.

空间解析几何中异面直线之间公垂线存在唯一性的证明及异面直线间距离公式的推导都是比较困难的. 但是，我们完全可以通过观察，想象到异面直线之间公垂线是存在且是唯一的. 具体做法如下：

设直线 l_1 与 l_2 异面，点 $P_1(x_1, y_1, z_1)$ 与点 $P_2(x_2, y_2, z_2)$ 为 l_1 和 l_2 上任意两点，则 P_1 与 P_2 之间距离应该是 (x_1, y_1, z_1) 与 (x_2, y_2, z_2) 的函数，记为 $d(P_1, P_2)$. 当点 P_1（或 P_2）沿 l_1（或 l_2）向两个方向趋于无穷远时，$d(P_1, P_2)$ 就要为无穷大. 换一个提法，当点 P_1（或 P_2）从一个方向的无穷远处沿 l_1（或 l_2）走过来时，距离 d 就逐渐缩小，当 P_1（或 P_2）向另一方向的无穷远处走过去时距离 d 又越来越大. 如果一个教师在课堂中用一个模型把这个过程表现给学生看，学生从中是可以直觉到在这个过程中必有一个位置使 $d(P_1, P_2)$ 达到最小的. 而且这个位置就应该是异面直线 l_1 和 l_2 的公垂线的位置.

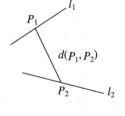

上述例子是否可以说教师在启发、培养学生的数学直觉思维？如果把数学直觉思维认为是非逻辑性的，那么学生得出这个公垂线存在唯一的结论就不可思议了.

这里还需要说明一下，上述这个例子与一般启发式教

学是不完全相同的．事实上，观察这个实验过程是得不出一般解析几何书中异面直线之间公垂线存在的证明的．但是，我们可以进一步思考，来证明这个直觉的结论，即公垂线存在的证明，并导出一种与一般解析几何书中不同的求异面直线之间距离的方法．下面举一实例来说明．

求异面直线 $l_1: \dfrac{x}{1} = \dfrac{y-1}{-1} = \dfrac{z+1}{0}$ 与 $l_2: \dfrac{x+1}{2} = \dfrac{y-1}{-1} = \dfrac{z}{2}$ 之间的距离．

解：把 l_1 与 l_2 写成参数方程

$$l_1:\begin{cases} x = t_1, \\ y = 1 - t_1, \\ z = -1; \end{cases} \qquad l_2:\begin{cases} x = 2t_2 - 1, \\ y = -t_2 + 1, \\ z = 2t_2. \end{cases}$$

设 P_1 与 P_2 是 l_1 和 l_2 上任意两点，则

$$d^2(P_1, P_2) = (t_1 - 2t_2 + 1)^2 + (t_2 - t_1)^2 + (2t_2 + 1)^2$$
$$= 2t_1^2 + 9t_2^2 - 6t_1 t_2 + 2t_1 + 2.$$

由函数 $d^2(P_1, P_2)$ 达到极值的必要条件知

$$\begin{cases} \dfrac{\partial d^2}{\partial t_1} = 4t_1 - 6t_2 + 2 = 0, \\ \dfrac{\partial d^2}{\partial t_2} = 18t_2 - 6t_1 = 0. \end{cases}$$

解上述方程组得 $t_1 = -1$，$t_2 = -\dfrac{1}{3}$．所以，$P_1(-1, 2, -1)$ 和 $P_2\left(-\dfrac{5}{3}, \dfrac{4}{3}, -\dfrac{2}{3}\right)$ 是达到极值的点，因此，公垂线的方程为

$$\begin{cases} x = -1 - \dfrac{2}{3}t, \\ y = 2 - \dfrac{2}{3}t, \\ z = -1 + \dfrac{1}{3}t. \end{cases}$$

公垂线之间距离为 $d=1$.

最后，我们借用吴福能的一段话来结束此文：

"每一个直念中都压缩着许多复杂的三段式或非三段式的逻辑推理……数学直觉思维是数学逻辑思维中逻辑推理过程的压缩，这个过程就压缩在直念之中."

参考文献

［1］康斯坦西·瑞德. 希尔伯特. 上海：上海科学技术出版社，1982.

［2］邓东皋，孙小礼，张祖贵. 数学与文化. 北京：北京大学出版社，1990.

［3］曹才翰. 中学数学教学概论. 北京：北京师范大学出版社，1990.

［4］贝弗里奇. 陈捷，译. 科学研究的艺术. 北京：科学出版社，1979.

［5］克莱因. 古今数学思想（Ⅱ）. 上海：上海科学技术出版社，1988.

［6］波利亚. 数学与猜想（Ⅰ）. 北京：科学出版社，1984.

［7］张乃达. 充分暴露数学思维过程是数学教学的指导原则. 数学通报，1987（3）：6-11.

［8］吴福能. 数学发现的奥秘——试论数学直觉思维的形式. 数学通报，1987（7-8）：1-4；（8）：1-3.

［9］曹才翰，蔡金法. 数学教育学概论. 南京：江苏教育出版社，1989.

■师专数学系《几何基础》 不该作为必修课[*]

20 世纪 80 年代以来，师专数学系都把《几何基础》作为必修课，其设课主要目的有两个方面：（1）介绍希尔伯特公理系统，使读者初步了解用公理法研究数学的途径. （2）了解一点非欧几何（见［1］中编者的话）. 但是我们觉得无论从数学教育理论和教学实践来看，上述两点均不能是《几何基础》成为必修课的理由. 亦即为了（1）了解公理法研究数学的途径；（2）了解非欧几何，则完全可以通过其他途径或课程获得，而且从目前所讲授的内容和教学效果来看，上述两个目的也没有能够达到.

1. 师专数学课程设置要适合中学数学的教学与改革

众所周知，师专的培养目标是初中数学教师. 理所当然，师专开设几何课的目的是为了将来去教好初中几何. 而目前中学数学，特别是平面几何正面临着一个重要问题，就是如何使数学教育现代化的问题，按吴文俊先生的看法，也就是"所谓数学机械化的问题"，吴先生说："欧几里得体系是非机械化的，把空间形式化成数量关系是机械化的.""对于几何，对于研究空间形式，你要真正腾飞，不通过数量关系，我想不出有什么好办法.""对于欧氏几何，我并不是说完全不要，可是应该及早地就像小学赶快离开

* 本文原载于《数学通报》，1996（5）：46-47.

四则难题，引进代数一样，中学也赶快离开欧几里得."
（见［2］）当然，对于初中平面几何的改革会有不同的意见．但是吴文俊先生的这些看法，应该说是目前中学几何改革的方向，特别是对 21 世纪的数学教学有很大的指导意义．

可是目前师专《几何基础》课程与中学几何的教学与改革有脱节的倾向．主要表现在内容方面，几何基础的内容有两部分：第一，介绍希尔伯特公理系统，这占全部内容的三分之二；第二，介绍非欧几何，这两部分的内容都采用公理的方法或说综合的方法来叙述，即从一些不定义的原名和一些不证明的公理出发，纯逻辑地演绎出全部欧氏几何或非欧几何的内容（可参阅［1］或［3］）．很明显这种作法与实际中学几何的教学相差太远，而且也是与上述几何改革方向背道而驰的．

2. 学习希尔伯特公理系统与学习"公理化"并非一回事情

也许有人会说《几何基础》课中公理体系的学习有其形式的价值，即通过希尔伯特体系的学习有其形式的价值，即通过希尔伯特体系的学习可以掌握"公理法"这个研究数学的有力工具．当然，对一个师专学生来说，"公理法"的学习是必须的．但是要使学生学到这种方法，完全可以通过其他较为简单的公理体系，如自然数的公理体系的学习来达到．事实上，学生学完希尔伯特公理系统后，也很难真正掌握"公理法"．因为希尔伯特公理系统有 5 组共 20 条．内容庞大，结构复杂，学生很难理解每条公理的目的与作用，以及各组之间公理的关系．学完几何基础后，学生仍不明白为什么要证明"所有的直角都是互相合同的"（见［1］71）"每个线段恰有一个中点"（见［3］65）这样一些简单明了的定理，许多学生得出"公理系统只是使简单事情复杂化"这样一个错误的看法.

3. 学习公理法与培养逻辑思维有很大差别. 学习公理法不能限死在一个预想的系统中

从教学法的观点来看，传统的演绎几何对培养逻辑思维是起很大的作用的. 但是，演绎只是局部地或说单个地考虑几何图形的性质，而几何公理系统都具有"整体组织"的特征. 事实上希尔伯特公理系统是从整体上把握欧氏几何，而不是用它来研究传统的平面几何. 正如前苏联数学家拉舍夫斯基的评论："希尔伯特的主要功绩，是成功地建立了几何学的公理系统，使得几何学的逻辑结构变得非常清楚."（见［4］序言，18）因此可以说，希尔伯特公理系统是研究欧氏几何的结构的，不是研究具体几何图形的性质的.

其次，从目前开设的《几何基础》来看，要达到学习"公理法"也不太可能. 正如荷兰数学教育学家弗赖登塔尔所指出的："公理系统能否教以及应该如何教，对此应该明确一点，它必须通过公理化活动过程来学习……要做到这点，那就不能仅仅提供学生一个预先构想好的公理系统，且随之作一些机械的操练，在公理系统中引出少量的推论，这是无济于事的."他又说应该"让学生对其间关系，逻辑进行研究和探索，但绝对不能限死在预先构想的公理系统之中，否则必将导致几何的消亡."（见［5］294-295）目前师专《几何基础》课不正如从"预先构想好的公理系统，且随之作一些机械的操作"来让学生学习公理法的吗？这样根本达不到学习公理法的目的. 反而有不少学生学完《几何基础》课后，对做平面几何习题，特别是证明题缩手缩脚，生怕证明得不严格，有漏洞. 这样的教学不正如弗

赖登塔尔所批评的"必将导致几何的消亡"吗?

关于非欧几何的学习我们认为完全可以从另外的角度如用射影几何或微分几何的角度来学习,不必非从公理的办法来学习. 综上所述,我们认为目前师专数学系开设的《几何基础》课程至少不必作为必修课.

参考文献

[1] 沈世明,毛澍芬,曹瑞熊. 几何基础. 上海:华东化工学院出版社,1989.

[2] 吴文俊. 数学教育现代化问题. 数学通报. 1995(2):0-4.

[3] 傅章秀. 几何基础. 北京:北京师范大学出版社,1984.

[4] 希尔伯特. 江泽涵,朱鼎勋,译. 几何基础. 北京:科学出版社,1987.

[5] 弗赖登塔尔. 陈昌平,唐瑞芬,等译. 作为教育任务的教学. 上海:上海教育出版社,1995.

王申怀数学教育文选

■论证推理与合情推理[*]
——美国芝加哥大学中学数学设计
（UCSMP）教材介绍

美国芝加哥大学中学数学课程设计（简称 UCSMP）开始于 1983 年，是为了改进六年制中学数学课程而编写的．从 1983～1994 年共进行了两轮试用．全书共六册，书名为：

过渡数学；代数；几何；高中代数；函数、统计和三角；微积分初步和离散数学．

大致每一册供一学年使用．因此，第六册微积分初步和离散数学相当于我国高三年级使用的教材．下面介绍该书第一章：逻辑．

第一章标题为逻辑，共有九节，目录如下：

在§1～§3 中介绍了以下逻辑符号：

设 S 是一集合，x 是 S 中的元素．

（1）全称命题：对 S 中所有 x，有命题 $p(x)$．上述语句用逻辑符号表示：

在 S 中，$\forall x$，$p(x)$．

（2）存在命题：在 S 中存在 x，有命题 $p(x)$．上述语

* 本文是王申怀在北京师范大学举办的中学数学教材改革研讨班上作的报告稿．原载于《数学通报》，1996（6）：25-27．

句用符号表示：

在 S 中，$\exists x$，$p(x)$.

（3）否定命题：命题 p 不成立，称非 p，记作 $\neg p$.

（4）联言命题：用联词"与"合取命题 p，q. 记作 $p \wedge q$，读作命题 p 与 q.

（5）选言命题：用联词"或"析取命题 p，q，记作 $p \vee q$，读作命题 p 或 q.

（注：在原文中没有出现符号 $\wedge$，$\vee$，而是用英文 and，or 来代替）

有了上述符号，§3 中介绍了以下真值表.

p	q	$p \wedge q$	$\neg(p \wedge q)$	$\neg p$	$\neg q$	$(\neg p) \vee (\neg q)$
1	1	1	0	0	0	0
1	0	0	1	0	1	1
0	1	0	1	1	0	1
0	0	0	1	1	1	1

由于上表中第四列与第七列取值相同，所以可以得出德·摩根律：

$$\neg(p \wedge q) \equiv (\neg p) \vee (\neg q);$$

$$\neg(p \vee q) \equiv (\neg p) \wedge (\neg q).$$

这三节主要让学生掌握在现代数学中最基本、最常用的逻辑符号和规律，以体现数学的抽象性和严密性这两大特征.

§4 中介绍了三个逻辑门.

（1）否门：

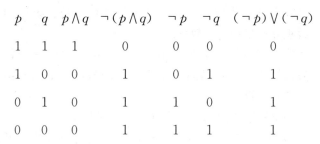

p	输出
0	1
1	0

（2）与门：

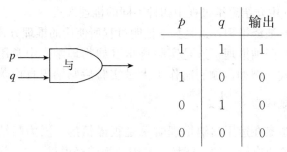

p	q	输出
1	1	1
1	0	0
0	1	0
0	0	0

（3）或门

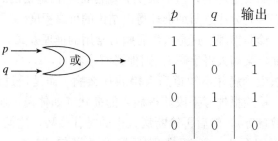

p	q	输出
1	1	1
1	0	1
0	1	1
0	0	0

这一节让学生了解逻辑门与计算机工作原理之间的关系. 也可以说, "否"与"或"的运算性质是布尔（Boole）代数的起源. 而计算机的工作原理是与布尔代数密切相关的. 显然, 这些内容是与现代数学的思想与方法接轨的.

§6～§8介绍了如何运用逻辑进行数学证明, 介绍了"若……则……"语句的运用. 例如,

下面的推理是有效的:

$\forall x$, 若 $p(x)$, 则 $q(x)$;

如果 $\exists c$, $\neg q(c)$ 可以推出对 c 必有 $\neg p(c)$.

下面的推理是无效的:

$\forall x$, 若 $p(x)$, 则 $q(x)$.

如果 $\exists c$, $\neg p(c)$ 可以推出对 c 必有 $\neg q(c)$.

§7中以整数的某些性质为实例具体说明有效推理的

过程.

§9 中介绍思维过程中四种不同的推理方式:

(1) 演绎推理:这是数学证明过程所使用的推理方式.

(2) 归纳推理:这是实验科学(如物理学)中常用的推理方式. 例如,伽利略作了大量实验后归纳出自由落体的运动规律为 $s = \frac{1}{2} g t^2$.

科学家在运用归纳推理时总是很谨慎的. 因为归纳得出的结论仍有错误的可能性. 爱因斯坦曾经说过:"大量实验不能证明我是对的,但一次实验就能证明我是错的."因此,我们要充分注意归纳推理得出结论的可靠程度.

(3) 诊断推理:这是医生看病时常用的推理方式.

例如,某病人得疾病 i,则他必有症状 s_1,s_2,s_3,…. 但是,医生看病并不知道病人得的什么病,而是通过病人的叙述,检验报告等手段获得病人的症状(如体温,血压,白血球数量等),然后再诊断病人得的是什么病,这就是诊断推理. 实际上,诊断推理就是对真语句"$i \Rightarrow s_1$,s_2,s_3,…"的反过来使用,即"s_1,s_2,s_3,…$\Rightarrow i$"的一种推理方式,当然,真语句的反用不一定正确.

一般人不能(或说不敢)根据症状得出病人得什么病,医生能够根据症状确定病人所得的疾病. 这是因为医生是经过专门的培养和训练的. 另外医生有临床的实践经验. 这两条是不可缺的. 因此,一个有丰富经验的医生(如老中医)能够根据病人的症状正确地说出病人得的什么病,所以在运用诊断推理时是有条件的,即要经过培训,要有一定的经验,否则就可能出现误诊.

另外,像修理电视机等,也是根据电视机的故障(症状),再去推测电视机的哪个元件或线路已被损坏(疾病),这种推测就是诊断推理.

(4) 统计推理:这是根据事件出现的概率来推断结论.

王申怀数学教育文选

例如，掷某硬币 100 次，均得正面，推断这枚硬币是假的。因为出现 100 次正面的概率为 $\frac{1}{2^{100}} \approx 0$，即概率几乎是零，所以可以认为这枚硬币只有正面没有反面，但一枚真硬币应该有正反两面，所以此枚硬币为假。

以上四种推理思维方式是不同的，其作用也是不同的。演绎推理依据的是三段论法，因此只要前提正确，结论必然正确，这是数学论证所必需的。因此演绎推理可以称为论证推理。归纳推理、诊断推理和统计推理虽然不能作为数学证明，但是在推断的过程中各有其理由，是合乎情理的，因此可以称它们为合情推理。

人们一般认为数学是一门以严格论证为特征的演绎科学，它是从定义、公理出发推导出一系列定理、公式等。但是，这仅仅是数学的一个侧面，它所呈现出来的结论已经是数学建造过程的尾声，是数学家创造性工作结出来的果实。就在这尾声和果实之前有着更为重要的，更为漫长的探索过程。这恰恰反映了数学的另一个侧面。正如数学教育家波利亚在《数学与猜想》一书中所说："数学的创造过程是与任何其他知识的创造过程一样，在证明一个定理之前，你先得猜测这个定理的内容，你先得推测证明的思路，你又得一次又一次地尝试……证明是通过合情推理，通过猜想而发现的，只要数学的学习过程稍能反映出数学的发明过程的话，那么就应当让猜测、合情推理占有适当的位置。"

演绎推理在推理形式合乎逻辑的条件下，推理的结论取决于前提，即前提蕴涵着结论，因此只要前提正确，其结论是绝对可靠的，不容置疑的，恰恰因为结论取决于前提，所以演绎推理并不产生本质上的新知识。说得过分一些，演绎推理仅是论证的需要而不是发明创造的需要。

合情推理是一种好像为真的推理，例如上面提到的物

117

理学家的实验归纳推理、医生的诊断推理等，这些推理其可靠程度不能与论证推理相比．它没有严格的逻辑标准，它往往会有争议（例如对某病人的症状，不同的医生可能会得出不同的结论），也可能要冒些风险（例如医生会误诊），但是尽管如此，合情推理有着论证推理不能替代的重要作用，它是发明创造的工具，它是发明创造赖以进行的依据，它是论证推理的先驱．因此，合情推理与论证推理两者是互相补充的，相辅相成的，缺一不可的，这是我们在数学教学中必须注意的．

目前我国的数学教学工作中（包括中学和大学）好像太重视演绎推理，而忽视了合情推理，这一点应该引起我国教育工作者的思考．

■美国 UCSMP 教材（第六册）介绍[*]

美国芝加哥大学中学数学课程设计（UCSMP）开始于 1983 年，经过 1983～1989 年和 1989～1994 年两次试用后修改再版．全套教材共六册，书名为：过渡数学；代数；几何；高级代数；函数、统计和三角；微积分初步和离散数学，供美国中学生使用，大约一学年讲授一册内容．UCSMP 教材①强调基本训练，②重视能力的培养，③着眼于数学应用的意识和问题解决．这套教材与我国目前使用的教材相比，有较大的不同．下面介绍第六册中第一、第二、第七、第十一章的内容，供国内广大中学数学教师和数学教育工作者参考．

第一章　逻辑

1.1 陈述语句　　　　　1.2 否定语句

1.3 与、或、德·摩根律　1.4 计算机逻辑

1.5 "若……则……" 语句　1.6 有效论证

1.7 关于整数的证明　　　1.8 无效论证

1.9 不同类型的推理

这章内容主要让学生掌握现代数学中最基本、最常用的逻辑符号，如 $\forall x, p(x)$，$\exists x, p \wedge q, p \vee q$ 等，让学生初步会用命题演算规律，如：$\neg(p \wedge q) \equiv (\neg p) \vee (\neg q)$ 即

---

* 本文原载于《数学教育学报》，1997，6（1）：66-70.

德·摩根律等. 同时让学生初步了解计算机工作原理——布尔代数，这些内容作为中学数学教材来说是很新颖的. 为了便于读者了解这章特色，下面将 1.9 节内容摘译如下：（详细内容可参阅《数学通报》1996（6）"美国芝加哥大学中学数学设计（UCSMP）教材介绍——论证推理与合情推理"一文）

归纳推理，这是实验科学家如物理学家经常采用的推理方法. 例如，伽利略在作了大量的实验后归纳出自由落体的运动规律为 $s = \dfrac{1}{2}gt^2$，这里 t 是时间，g 是常数（重力加速度）.

科学家在运用归纳推理时总是很谨慎的. 因为归纳得到的结论毕竟有错的可能性，爱因斯坦曾经说过："大量的实验不能证明我是对的，但一次实验就能证明我是错的！"

诊断推理，这是医生看病时常用的推理方法. 例如，某病人得疾病，则他必有症状 s_1，s_2，…. 但是，医生看病通常并不知道病人得什么病. 而是通过病人的叙述，验检报告等手段获得病人的症状，如体温，血压，白血球数目等等. 然后再诊断病人得的是什么病. 这就是诊断推理. 实际上，诊断推理就是对真语句"$i \Rightarrow s_1$，s_2，…"的反过来使用，即"s_1，s_2，… $\Rightarrow i$"的一种推理方法.

诊断推理并不一定是对的. 一般人是不能根据症状得出病人得什么病. 医生可以，这是因为医生是经过专门的培养与训练的. 其次，医生有临床经验. 所以运用诊断推理是有条件的，即要经过培训，要有丰富经验，否则就可能出现误诊.

另外，像修理电视机是根据电视机的故障（症状）来推断电视机的哪个线路或元件已损坏（疾病），这种推理也是诊断推理.

统计推理，这是根据事件出现的概率来推断结论. 例

王申怀数学教育文选

如，掷某硬币 100 次，均得正面，推断这枚硬币是假的．这是因为出现 100 次正面的概率为 $\frac{1}{2^{100}} \approx 0$，因此可以认为这枚硬币只有正面没有反面，故是假币（真硬币应该有正反两面）．

从上述摘译中可以看出 UCSMP 教材不但重视数学演绎推理，而且介绍合情推理（包括归纳，诊断，统计推理等）．在每章的序言中，作者都把这章内容的发展史交待清楚，尽量让学生了解一些概念，定理，公式的来龙去脉．并且让学生①探讨定理的内容，②猜想证明的思路，③尝试定理的证明．这样使学生在学习数学的过程中能体会到数学发现（或发明）的过程，这些都是值得我们学习和借鉴的．

第二章　函数的分析

这章主要介绍有关函数的一些基本概念，函数可以用图形、序列、分析表达式等等来表示．特别介绍了无穷远处的函数值，引出了有关极限和无限的初步思想．这些都是现代数学中重要的思想．教材中用深入浅出的手法向高中学生介绍函数概念的演变是很值得我们借鉴的．下面简单介绍 2.9 节"什么是无限"的内容．

首先教材中用一些实例介绍了 1—1 对应这个概念，然后较严密地定义了集合的势（基数），可数集，可数无限的概念．

定义：两个集合 A 和 B 可建立 1—1 对应，称为是等势的，或称有相同的基数.

例：$A=\{1,2,3,\cdots\}$，$B=\{2,4,6,\cdots\}$ 这两个集合是等势的.

有限集的势或基数就是此集中元素的个数. 我们称正整数的基数为 $\aleph_0$（$\aleph$ 读作 aleph）.

定义：与正整数（自然数）可建立 1—1 对应集合称为可数无限集，简称可数无限或可数.

我们知道实数集是一个无限集，现在的问题是实数集是否是可数无限集？

教材中利用康托（Cantor）的方法证明了（0，1）区间内的实数是不可数的. 因此实数集不是可数无限集. 证明如下：

反证，若（0，1）之间实数可数，则假设可以排列出来如下：

1 0. ③397…

2 0. 0⓪10…

3 0. 88⑤5…

⋮ ……

取一个实数如 0. 214 3…，因为此实数在（0，1）中，且其第一位小数 $2\neq3$，第二位小数 $1\neq0$，第三位小数 $4\neq5$，…，因此它不在此排列中，这就得出了矛盾.

这节中把无限分成可数无限与不可数无限，这是对"无限"这个概念的深层次认识，把无限与集合，对应，个数，势等联系起来体现了近代数学的思想与方法，这些内容在传统的教材中是较少见到的.

另外，UCSMP 教材中对一个重要的数学概念的介绍不是一次完成的. 例如不可数无限这个概念在第五章有理数和有理函数这一章中再次出现，此章第 2 节无理数中证明了无理数集也是不可数集. 证明如下：

因为无理数等价于（十进位）无限不循环小数，因此 0.101 001 000 1…是无理数，这就说明无理数是存在的（这比证明 $\sqrt{2}$ 是无理数容易得多）. 因为实数是不可数的，有理数是可数的，所以无理数集是不可数集.

一些重要的数学概念在 UCSMP 教材中反复出现，而且后一次出现是对前一次出现的加深，这也是此教材特色之一.

第七章 递归和数学归纳法

这章从两个著名问题，汉诺塔（Tower of Hanoi）和斐波那契兔子问题引出递归、递推公式及数学归纳法等概念，并在强调数学应用的过程中重视实际的数值计算，且指出计算技术和技巧的重要性. 下面摘译 7.1，7.8，7.9 节部分内容.

汉诺塔问题：有大小不同的 64 个钱币和三根木栓，将这 64 个钱币依大小次序由下而上地穿在一根栓上. 现将原木栓上的所有钱币搬移到另一根木栓上，移动规则是：①每次只能移动一枚钱币；②小钱币必须放在大钱币上，问需要移动几次才能完成？

我们可以用下述递推公式来求出移动次数.

$T_1 = 1$，$T_2 = 2T_1 + 1$，…，$T_k = 2T_{k-1} + 1 (k = 64)$，还可以证明 $T_k = 2^k - 1$.

在实际计算过程中，为了利用计算机，我们不采用最后的求和公式 $T_k = 2^k - 1$（即不把 $k = 64$ 代入此公式），而是直接利用递推公式来求出 T_k. 有时知道了求和公式后不立即进行计算, 而是将求和公式化为递推公式再用计算机来求和. 下面举例说明:

例: 求 $a_n = n^2$, $n = 234$.

我们不将 $n = 234$ 代入公式 $a_n = n^2$ 来计算 a_{234}, 而是从 $a_n = n^2$ 导出它的递推公式

$$\begin{cases} a_1 = 1, \\ a_{n+1} = a_n + 2n + 1. \end{cases}$$

然后再写出计算机程序, 再将 $n = 233$ 代入即可从计算机上得出所要的结果.

虽然计算机的运算速度很快, 但是庞大的计算量仍需要一定的时间, 为了减少运算过程, 节省时间, 我们必须重视计算的技巧, 减少运算步骤, 达到有效计算.

例: 设 $x = 7$, 求 $x^{43} = ?$

如果按方式 $7^2 = 7 \cdot 7$, $7^3 = 7 \cdot 7 \cdot 7$, $\cdots$, $7^{43} = 7 \cdot 7 \cdot \cdots \cdot 7$ 来计算需计算 42 次.

如果按方式 $7^2 = 7 \cdot 7$, $7^4 = 7^2 \cdot 7^2$, $7^8 = 7^4 \cdot 7^4$, $7^{16} = 7^8 \cdot 7^8$, $7^{32} = 7^{16} \cdot 7^{16}$, $7^{43} = 7^{32} \cdot 7^8 \cdot 7^2 \cdot 7^1$ 来计算只需计算 6 次.

从上述例子可以看出, 计算方式的不同可以大大减少计算机上的工作步骤, 提高计算的效率.

从上述摘译可以看出 UCSMP 教材是非常重视具体的数值计算的. 事实上, 在数学的实际应用过程中是离不开数值计算的. 为了提高效率, 我们必须重视计算技术和技巧的教学. 这种例子在 UCSMP 教材中随处可见.

第十一章 图论和网络

王申怀数学教育文选

11.5 矩阵的幂与路径　　11.6 马尔可夫链

11.7 欧拉公式

这章内容除了一般图论教材中所提到的哥尼斯堡七桥问题，欧拉公式等传统的内容外，特别强调图论与近代其他数学分支的关系，并且重视图论在联系实际问题中的应用．特别是第 5 和第 6 两节利用矩阵的乘法将图论应用到概率中的一个重要课题——马尔可夫链中去，为了便于读者了解这章特色，下面介绍一下第 6 节马尔可夫链．

假设某城市的天气预报可以由下述有向图来表示，其中 S，R 和 C 表示晴天，雨天和阴天．边旁的数字表示天气变化的概率．例如，点 C 处的圈旁的数 0.6 表示今天是阴天，第二天仍为阴天的概率是 0.6；边（C，R）旁的 0.1 表示今天是阴天，第二天是雨天的概率是 0.1，现在提出这样一个问题：今天是阴天，两天后是什么样的天气？

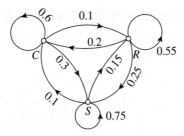

为了回答这个问题，我们用矩阵 $\boldsymbol{T}=(t_{ij})$，i，$j=1$，2，3. 来表示这个图，即

$$
\begin{array}{cc}
 & \begin{array}{ccc} C & S & R \end{array} \\
\begin{array}{c} C \\ S \\ R \end{array} &
\left(\begin{array}{ccc}
0.6 & 0.3 & 0.1 \\
0.1 & 0.75 & 0.15 \\
0.2 & 0.25 & 0.55
\end{array}\right) = \boldsymbol{T},
\end{array}
$$

$\boldsymbol{T}$ 中元素 t_{ij} 是天气变化的概率，例如，$t_{23}=0.15$ 表示从晴天（S）转为雨天（R）的概率是 0.15.

上述矩阵 **T** 中元素都是非负的，且每行元素相加等于 1，具有这种性质的矩阵称为随机矩阵.

利用矩阵乘法的定义，两天后天气变化的概率可以用 $\boldsymbol{T} \times \boldsymbol{T} = \boldsymbol{T}^2$ 这个矩阵来表示，即

$$\boldsymbol{T}^2 = \boldsymbol{T} \times \boldsymbol{T} = \begin{pmatrix} 0.41 & 0.43 & 0.16 \\ 0.165 & 0.63 & 0.203 \\ 0.255 & 0.385 & 0.36 \end{pmatrix}.$$

由 $\boldsymbol{T}^2$ 中第一行第一列元素为 0.41，这表示今天是阴天两天后仍为阴天的概率是 0.41，$\boldsymbol{T}^2$ 中第一行第三列元素为 0.16，这表示今天是阴天，两天后是雨天的概率是 0.16.

同样，$\boldsymbol{T}^4$ 中元素表示四天后天气变化的概率. 今计算 $\boldsymbol{T}^{10}$：

$$\boldsymbol{T}^{10} \approx \begin{pmatrix} 0.25 & 0.52 & 0.23 \\ 0.25 & 0.52 & 0.23 \\ 0.25 & 0.52 & 0.23 \end{pmatrix},$$

可以看出 $\boldsymbol{T}^{10}$ 中每列元素均相同，这说明不论今天的天气状况如何，十天以后阴天的概率约为 0.25；晴天的概率约为 0.52；雨天的概率约为 0.23.

当一种状态只有有限种情形，例如我们假定天气只有阴，晴，雨三种情形，从一种情形转到另一种情形的概率仅仅依赖于前一种情形，那么这种状态就可以称为马尔可夫链. 上述天气预报图，或说用矩阵 **T** 表示的天气预报状态，就可以称为一个马尔可夫链，我们可以证明下述幂收敛定理：

定理：设 **T** 是一个无零元素的 $n \times n$ 随机矩阵，那么 $\lim\limits_{k \to \infty} \boldsymbol{T}^k$ 是一个每列元素都相同的随机矩阵.

马尔可夫的理论在物理学，天文学，生物学，经济学等方面均有广泛应用.

以上我们简单介绍了 UCSMP 教材中四章的内容，已

经可以初步看出此教材的特色. UCSMP 教材不但在教学内容方面很有特色，而且在习题编排方面也是经过精心设计的. 首先每章前后都有大量供学生自己阅读的材料，同时把例题，习题，问题与正文穿插安排，有机结合，最值得我们借鉴的是编者把学生所需做的练习分成四类：

①巩固类题. 这是覆盖正文内容的一些基本题. 通过做这类题让学生掌握教材中所述的一些基本的数学概念，公式和定理；

②应用类题. 这是把所学到的数学内容应用到具体的实例中去；

③复习类题. 这是一些综合性题目，使学生加深对所学内容的理解；

④探索类题. 这是一些多解性或开放性的题目，有些还需要学生自己动手收集数据，加以分析设计解题方案，有些类似初步数学建模类型的题目.

……

UCSMP 教材中有许多地方值得我们借鉴和学习. 目前我国高中数学课程存在的问题概括起来可以用六个字来表达：最老，最少，最难. 最老是指教学内容陈旧；最少是指知识面狭窄；最难是指习题、考题又深又难. 如何解决目前高中数学课程中存在的问题？我们认为首先应该从教材改革着手. 抛弃过去"考什么，教什么，学什么"的教学方式，大量精简传统内容，更新知识，更新内容，更新讲法，降低（部分）习题的深度与难度，增加实际应用习题等. 这几方面，美国的 UCSMP 教材为我们提供了一套很有参考价值的教材. 我们应该对这套教材作深入研究，以期利用外国的成功经验来帮助解决我国目前中学数学课程中存在的问题.

三、几何课程教改探讨

参考文献

［1］ The University Chicago School Mathematics Project: Precalcalus and Dicsrete Mathematics.

128

王申怀数学教育文选

■几何教学改革展望 [*]

1. 几何教学改革的历史回顾

几何教学改革长期以来一直是数学教育工作者关注研究的热点问题. 特别是 20 世纪 50 年代以后，国内外的几何教学改革曾经出现过大起大落. 因此，现在来回顾以往的改革历程，总结几何教学改革的研究成果是很有必要的. 这样不仅可以避免在今后的教改中不再重复那些已证明为不成功的做法，而且也可以确定哪些是经受过实践考验的成功的经验，哪些是我们可以去实验、去探索的东西，从而为 21 世纪的几何教学改革打下一个坚实的基础.

1.1 "新数运动"对传统几何教学的冲击

"新数运动"的出现，除了社会政治和经济原因外，另一个重要的原因是来自数学学科本身和数学教育研究的发展. 20 世纪以来法国出现的布尔巴基（Bourbaki）学派，对数学的整体结构作了重新认识，皮亚杰（J. Piaget）、布鲁纳（J. S. Bruner）等心理学家对有关学习理论研究也有了重大突破，这就为数学教材内容的安排和教学方法的改进提供了理论依据，也为"新数运动"提供了一个数学教育学、心理学方面的基础. 于是在 20 世纪 50 年代末到 70 年代初，在西方国家中便掀起了一场轰轰烈烈的"新数运动".

"新数运动"对几何教学改革影响巨大，最突出之点是

三、几何课程教改探讨

* 本文作者王家铧，王申怀. 原载于《数学教育学报》，2000，9（4）：95-99.

对传统几何课程的改革，最有典型意义的例子是法国布尔巴基学派的主要成员之一狄奥东尼（J. A. Dieadonne）1959年在法国莱雅蒙城（Royaumont）所作的演讲．在演讲中，他喊出了有点耸人听闻，使某些人受到震动的一句口号："欧几里得滚出去！"他还说："……'传统至上'的捍卫者对此会有个现成的回答：不管人们是否相信，按他们的方式教授欧氏几何，是启发儿童的思维使之真正理解数学的唯一方法．但由于从未试验过其他的方案，就我看来，这与其说是可取的主张，还不如说是一种信条．"

"新数运动"来势凶猛，是一次对传统几何最强有力的冲击．但是由于实验不够，教师培训跟不上，过于急速推广等原因，使这场运动出现了盲目性和脱离实际的理想化．到了 20 世纪 60 年代末和 70 年代初就逐渐暴露出改革中的问题，表现在中学数学教学质量的大幅度下降，如学生计算能力的削弱、数学应用能力缺乏．因此，"新数运动"遭到了教师、家长及一些数学教育工作者的猛烈批评．

1.2 国际数学教育委员会（ICME）对几何教学改革的反思

王申怀数学教育文选

1980 年 8 月在美国加州的伯克利（Berkeley）举行的第 4 届国际数学教育会议（ICME－Ⅳ）上对"新数运动"的成败作了分析和评价．特别是对中学教育阶段为什么要学习几何重新作了反思，认识到几何教学改革并不是面对它、克服它的不足，而是仅仅采取毫无替代地删除其主要部分的方式，这种做法并不可取．甚至狄奥东尼在 ICME－Ⅳ上断言："几何突破了其传统狭隘的束缚……已经显露出其潜在的力量及其异乎寻常的多面性和适应性．从而成为教学中最广泛和最有用的工具之一．"这与他在 1959 年所喊出的"欧几里得滚出去！"的口号已有很大的不同了．

1995 年 9 月国际数学教育委员会（ICME）在意大利西

西里的卡塔尼亚（Catania）提出了一份题为"21世纪几何教学的展望"的专题讨论文件. 文中对20世纪下半叶以来的几何教学改革进行了总结，指出："在大部分国家中，几何似乎已逐渐在数量和质量两方面失去了其在数学教学中的中心地位……情况通常是，几何已被完全忽略掉，或者只包含了其中非常少的有关内容……一般说来，他们在大学期间对有关数学要求更深的部分（特别是几何）的准备更为不足，因为较年轻的教师是在忽视几何课程中学习数学的. 他们在这个领域缺乏良好的背景，又转过来助长了他们忽视几何教学的倾向……."

"21世纪几何教学的展望"虽未对几何教学改革若干重要问题作出明确答复，但对教学目标、内容、方法等提出了一系列问题，供大家讨论. 仅列几条如下：

①目标——为什么教授几何是可能的、必要的？

②内容——应当教什么？在课程中包含若干非欧几何的内容是否可能和有用？

③方法——我们应当如何教几何？几何教学中公理化的作用是什么？

这些问题必将引起众多关注几何教学改革的数学教育工作者的进一步探索与实验. 我们认为，为渗透公理化思想，使学生了解世界上不仅有欧几里得几何，还有其他的各种几何学，了解公理化思想在各个学科中的作用，在高中把立体几何学完后，几何课程中再介绍非欧几何，例如罗氏几何的内容是有必要的. 当然应舍弃那些烦琐的推理，着重简要地介绍公理系统，及其在数学、物理、天文等各学科中的应用. 这样有利于增强高中学生的数学素质及创新意识，而且也可以使他们完全接受.

1.3　改革开放以来我国中学数学课程的演变

1976年后，随着"四人帮"的倒台，全国进行了"拨乱反正"，教育秩序也逐渐恢复．1978 年我国制定了《全日制十年制学校中学数学教学大纲》（试行草案），并据此大纲编写了全国通用新教材，提出了数学教育内容现代化问题，在高中数学中增加了微积分并进行实际教学，这在我国数学教育史上还是第一次．但新大纲和新教材很难适应全国教育水平极不平衡的状况．其后的 20 年间虽然对中学数学教学大纲几次制定和修订，并于 1988 年 1 月第一次提出了数学教育的目的应实现从升学教育到全民素质教育的根本转变．但是，由于高考指挥棒的影响，我国数学课程仍存在着内容陈旧、知识面窄、课程结构单一等弊端．几何的内容也没有根本的变化．

近几年来，几何教学改革一直是数学教育工作者探讨的热点问题．最近，我们高兴地看到我国新一轮中小学数学课程改革已经启动，《数学课程标准·征求意见稿》业已完成．新课程标准将努力拓宽数学知识面，改善学生的学习方式，关注学生的学习情感和情绪体验．其中几何的内容不但不会减少，反而将大大拓宽，特别是有关三维空间的几何问题．而对那些系统的过于繁杂的演绎推理证明的要求将有较大调整．这一举措必将大大促进我国几何教学改革的步伐．

2. 几何教学改革的新探索

在古希腊，几何是数学的同义语．尤其是欧几里得《几何原本》问世以来，人们一直以为几何就是真理．20 世纪初，希尔伯特通过对欧氏几何公理体系的研究，揭示了传统几何中所存在的缺陷，几何的这种至高无上的地位逐渐消失了．那么，几何究竟在中学数学教学中应当占什么地位，以及如何改革中学几何课程等问题成为目前迫切需要解决的问题．荷兰数学教育家弗赖登塔尔

（H. Frendenthal）也说过："想要以强化几何的演绎结构来拯救传统几何，那是注定要失败的."那么我们该如何来"拯救"现在的几何呢？

2.1 几何教学现代化问题

吴文俊先生在"数学教育现代化问题"一文中明确指出：数学教育现代化问题就是机械化问题，并根据这一思想对中学几何课程改革提出了一整套看法．吴先生说："……对于几何，对于研究空间形式，你要真正的腾飞，不通过数量关系，我想不出有什么好办法，当然欧几里得几何漂亮的定理有的是，漂亮的证明也有的是．可是就算你陷到里面，你也跑不了多远……可是我说要真正的腾飞呀，我想不出你有什么好办法."这里吴先生明确指出为了使中学几何"腾飞"，必须采取"数量化"的方法，也就是要及早地引入坐标，使几何"解析化"，使几何可以计算．这是几何机械化的开端，也就是几何现代化的开端．

吴文俊先生又提出："……就像小学赶快离开四则难题引进代数一样，中学也是赶快离开欧几里得，用什么方式，引进到什么程度，这个要从长计议．可是基本上应该及早地引进解析几何."

吴文俊先生的观点是很有见地的，也是非常深刻的，这是现代数学思想的发展．这种观点在某种程度上与著名数学家陈省身教授"好的数学与不好的数学"的观点有类似之处．陈省身先生在"21世纪的数学"一文中指出："一个数学家应当了解什么是好的数学，什么是不好的或不大好的数学，有些数学是具有开创性的，有发展的，这就是好的数学……"

由于吴文俊先生创造了"吴方法"，使初等几何机器证明得以实现．同时由于电子计算机的发展与普及，计算机辅助教学（CAI）逐步发展，因此几何课程的现代化（或机械化）已经成为可能.

2.2　教育数学的新探索

　　为了把中学数学教学改革深入下去，张景中先生大力提倡"数学上的再创造"，并称之为"教育数学". 张景中先生认为要根据教育规律，对数学学科的成果或说具体的数学内容施以数学上的再创造，这种再创造是为了数学教育的需要，同时又超出了"教学法上加工"的范围，这就形成了教育数学.

　　数学知识，特别是作为数学教育内容的基础知识是现实世界的空间形式和数量关系的反映. 同样的空间形式或数量关系，可以用不同的数学命题来反映. 但是，有的反映方式便于学习、掌握、理解、记忆；有的则不然；有的反映则抽象迂回；有的适合于中学生学习；有的适合于科学研究. 因此，尽管数学命题（或说反映形式）都是客观事物的反映，但教学效果会大不一样. 例如罗马数字Ⅰ、Ⅱ、Ⅲ、Ⅳ、Ⅴ或中国的方块文字一、二、三、四、五，这些都是自然数的反映，但如果用它们来进行算术四则运算与用阿拉伯数字1，2，3，4，5比较起来的教育效果的差别是显而易见的. 因此，为了教育效果，我们必须重新审视现在已有的数学知识，去检查它在教育上的适用性. 联系前后左右的教学内容，联系学生的心理特征与年龄特征，去看一看，问一问哪种反映方式比较优越，能不能找出更优越的反映方式，这就是教育数学研讨的问题. 例如，研究平面图形的性质，可以学习欧几里得的《几何原本》；也可以学习"解析几何"或"质点几何""向量几何"，也可以再创造出一种新的几何体系，考察一下究竟哪种反映客观图形方式的几何更便于学生的学习，这便是教育数学.

　　张景中先生对目前中学数学课程，特别是平面几何课程改革的这种具有创新意义的见识，无疑会对今后数学教

学改革产生很大的影响.

吴文俊先生的"数学教育现代化"即机械化的思想,与张景中先生的"教育数学"的见解与科研成果,毫无疑问会对几何教学改革提供一个广阔的前景,并指出一条具体的道路. 他们的共同之处就是对传统几何课程改革必须从根本上做起,即必须全方位、彻底地重新审视现有的中学全部几何教学内容,对传统几何来一个"脱胎换骨"的彻底改造,采用一种全新的方法来讲授几何. 这样,几何教学改革才能有所突破.

2.3 简议国家数学课程标准初稿(义务教育阶段)

新课程标准不仅继承我国数学教育的优良传统,对基础知识和基本技能给予充分的关注,而且增加了密切联系生活,反映数学发展的新内容、新思想,又没有任意拔高要求. 该课程标准对几何内容不是像"新数运动"那样大杀大砍,以逾越障碍,而是面对它、克服它、改造它.

现代教育理论指出,学生在学习正规课程内容时,会有意无意地接受兴趣和情感等的熏陶. 这种熏陶可以称为潜课程(Patant Curriculum)或称隐蔽课程(Hidden Curriculum). 通俗地说,就是学生在学习知识的过程中,还能形成一些非智力因素. 而这些非智力因素有些可能具有积极作用,有些可能是消极的. 例如,一个学生在学校可以得到优秀的数学成绩,但可能由于某种原因,他会"讨厌"数学. 因此在离开学校后,他就再也不会去主动研究数学问题了. 事实上,我国某些数学奥林匹克竞赛金牌获得者,不愿进入大学数学系学习就是一例. 美国数学教育家波利亚曾明确指出:"你卷进问题的深浅程度将取决于你解决它的愿望的殷切程度. 除非你有十分强烈的愿望,否则要解决一个真正的难题的可能性是很小的."

新课程标准在空间与图形部分的教育价值里提出:"几

童最先感知的是客观的 3 维世界，是图形与空间问题，没有几何模型的帮助就无法准确描述现实世界……从发展的角度，空间与图形的知识有助于激发学生的直觉和对现实世界的好奇心，激励学生更认真地探索数学，审视生活和认识世界．逐步形成严谨求实的科学态度……"这里就要求教师努力改变那种"讨厌"数学的不良的"学习环境"，帮助学生逐渐形成新的观念，即在数学教学过程中必须教"潜课程"．

新课程标准在空间与图形部分内容结构里提出对 1～9 年级分 3 个学段统筹安排，不断加强变换、论证和坐标的思想方法，特别是使学生及早地接触变换，及早地引入坐标，体现了几何教学的现代化思想．同数学的其他学科一样，几何教学内容的选择标准更不能仅仅看它是否能够在现实中得到直接应用，更重要的是看它在提高学生的素质，对培养学生的逻辑推理技能、抽象思维能力、智力开发的作用．例如：在新课程标准中虽也要求学生初步学会逻辑论证的基本方法，但仍感不够，似应再增加一些几何基本作图和轨迹内容．尽管几何可以计算，可以直觉，以至于几何图形现在都可以用计算机画图处理．但如果学生不了解基本作图与轨迹，只会用计算机去作图，将来总是要跟在别人后面走，抑制了学生创新精神和创造力的发展．虽然一些繁杂的演绎推理证明应当调整，而必要的推理训练、基本技能训练还要保留，这样才能充分体现培养学生空间观念、几何直觉和合情推理能力的教学总体目标．

综观新课程标准空间与图形部分的内容，我们感到几何教学内容的变动是较大的，改革的意识是较强的．由于几何占据着中学教育的重要位置，几何课程内容的改革历来是国内外数学教育改革中一个极为重要而又敏感的问题，因此既要积极探索、改革、创新，又要稳步、务实、慎重，

王申怀数学教育文选

这样才不会使我们重蹈"新数运动"的覆辙.

参考文献

［1］丁尔陞. 中学数学教材教法总论. 北京：高等教育出版社，1990.

［2］曹才翰. 中学数学教学概论. 北京：北京师范大学出版社，1990.

［3］杰·豪森，等. 数学课程发展. 北京：人民教育出版社，1998.

［4］弗赖登塔尔. 作为教育任务的数学. 上海：上海教育出版社，1995.

［5］波利亚. 刘学麟，曹之江，等译. 数学的发现. 呼和浩特：内蒙古人民出版社，1979.

［6］陈省身. 21 世纪的数学. 数学进展，1992，21（4）：385-389.

［7］吴文俊. 数学教育现代化问题. 数学通报，1995（2）：0-4.

［8］张景中. 教育数学探索. 成都：四川教育出版社，1994.

［9］张景中. 机器证明的回顾与展望. 数学通报，1997（1）：4-7.

三、几何课程教改探讨

■几何课程教改展望 [*]

第一节　几何课程改革的历史回顾

　　欧氏几何在数学教学中的作用与地位究竟是什么？长期以来这是一个有争议的问题．特别是 20 世纪 50 年代以后，国内外对中学几何课程改革曾经出现过大起大落的阶段．因此，现在来回顾总结以往的历史经验，总结对中学几何教学的研究成果是很有必要的．这样不仅可以避免在今后的教学上不再重复那些已经证明为不成功的经验，同时也可以确定哪些是经受过实践考验的成功的经验．我们可以从中获得教益，并且对那些尚未明确的有关问题，我们也希望能对今后的研究提供一些有用的信息，以便确定可能采取的措施．这将会对 21 世纪的几何课程改革打下一个坚实的基础．

　　一、"新数运动"对传统几何教学的冲击与国际数学教育会议（ICME）对几何教学的反思

　　"新数运动"的出现，除了社会政治原因外，另一个重要的原因是来自数学学科本身和数学教育研究的发展．20世纪以来数学学科得到突飞猛进的发展，特别是法国布尔巴基（Bourbaki）学派的出现，对数学的整体结构进行重新

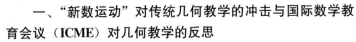

　　* 本文原载于《全国中学数学教育第 9 届年会论文特辑》，上海：上海科学技术出版社，2000：74-90.

认识，许多新的数学分支，如拓扑学、泛函分析等的出现并进入大学的课程，导致了大学数学课程内容的全面改观，这就必然会形成传统中学数学与大学数学之间逐渐产生一条很深的鸿沟．与此同时，在五六十年代现代心理学认知理论的兴起、特别是皮亚杰（J. Piaget）、布鲁纳（J. S. Bruner）等教育心理学家对有关学习理论研究的重大突破，提出一整套新的认知理论，为数学教材内容安排和教学方法的改进提供了坚实的理论依据，这就为"新数运动"提供了一个教育学、心理学方面的基础，终于在 50 年代末到 70 年代初，在西方国家中掀起了一场轰轰烈烈的"新数运动"．

1958 年，在美国数学协会（MAA），全美数学教师协会（NCTM）的支持和政府、基金会的资助下成立了"学校数学研究组（SMSG）"，全面负责中学数学教学的实验研究．同时，组织专家、学者、教师对中学数学教材进行重新编写，出版了一套全新的教材——"统一的现代数学"（DICSM），并在相当大的范围内开展实验，这就是所谓"新数运动"的开端．60 年代以后，它几乎波及了所有西方国家．世界各地相继出现了大量的新课本、新课程．至此，在西方国家中，"新数运动"达到了高潮．

"新数运动"来势凶猛，但是由于实验不够，教师培训跟不上，过于急速推广等原因使这场运动带来了盲目性和理想化．到了 60 年代末和 70 年代初，就逐渐暴露出改革中的问题，表现在中学基础教学质量的大幅度下降，如学生计算能力的削弱、数学应用能力缺乏．因此，"新数运动"遭到了教师、家长及一些数学教育工作者的猛烈的批评，于是 1973 年在美国又出现了一个"回到基础"（Back to Basics）的教学口号．重新强调学生用纸和笔来计算．

"新数运动"对数学教育改革最突出之点是在对传统几

何课程的改革．最有典型意义的例子是法国布尔巴基学派的主要成员之一狄奥东尼（J. A. Dieadonne）1959 年在法国莱雅蒙成（Royaumont）由欧洲经济共同体（OEEC）成员参加的会议上所作的演讲，充分体现了"新数运动"对传统几何课程的看法，下面我们摘录演讲一部分如下：（杰·豪森等著．陈应枢译．数学课程发展．人民教育出版社，1991：86-89）．

近 50 年来，数学家们不仅引入新的概念，而且引入新的语言，一种根据数学研究的需要，由经验产生的语言，这种语言能简明精确地表达数学，这种功能被反复检验，并已赢得普遍的认可．

但是直到现在，中学里还顽固地反对介绍这种新术语（至少法国如此），他们坚持使用那种过时的不适用的语言．因而当学生进入大学时，他们可能从未听到过如集合、映射、群、向量空间等这样的普通数学词汇，当他接触到高等数学时感到困惑、沮丧也就毫不奇怪了．

近来在中学的后 2 年或 3 年已经介绍了一些初等微积分、向量代数和一点解析几何知识，但这些课题常常被置于次要地位，兴趣中心仍和以前一样，保持在"或多或少地按照欧几里得方式纯粹几何，再加上一点代数和数论"．

我认为，拼拼凑凑的时代已经过去，我们的使命是进行一次深刻得多的改革——除非我们甘愿使状况恶化到严重妨碍科学进一步发展的地步，如果把我思想中的全部规划总结成一句口号的话，那就是：欧几里得滚出去！

这些话可能使你们中的某些人受到震动，但我愿意详细地告诉你们一些充足的论据，以支持这些论述．

这个结论也许有点耸人听闻，为了论证，我们假定某人要向一个来自另外世界的思想成熟的人教授平面欧氏几何，此人从未听说过欧氏几何，或者只是见到过它现代研

究中的应用. 那么, 我想整个课程只需二三个小时就能解决问题——其中一个小时用来叙述公理体系, 一个小时讲那些有用的结论, 第三个小时拿来做少量有趣味的练习.

我所说的有用的结论, 一方面是指二维线性代数 (线性相关、基、直线、变换群和位似映射、平行线、线性映射、线性型和线性方程), 这些只由公理体系 (A) (二维实线性空间公理) 得出: 组成了所谓的平面仿射几何. 另一方面是指正交性、圆、旋转、对称、角及等距群, 这些则来源于公理体系 (B) (内积空间).

当然, 由此观点看, "纯"几何与"解析"几何之间古老的争论就变得没有意义了, 他们都只是向量语言的翻版而已 (顺便说一句, 直接应用向量语言常常更好些), 完全可以按同一路线来发展三维几何.

当然, "传统至上"的捍卫者对此会有个现成问答: 不管人们是否相信, 按他们的方式教授欧氏几何, 是启发儿童的思维使之真正理解数学的唯一方法. 但由于从未试验过其他的方案, 就我看来, 这与其说是可取的主张, 还不如说是一种信条.

1980 年 8 月在美国加州的伯克利 (Berkeley) 举行的第 4 届国际数学教育会议 (ICME-Ⅳ) 上对这场运动的成败作了分析与评估. 特别是对中学教育阶段为什么要学习几何重新作了反思, 认识到几何教学的重要并不是一件容易的事. 但是在许多国家, 对于在几何教学中所产生的各种问题和障碍却并不是面对它、克服它, 而是仅仅采取毫无替代地删除其主要部分的方式, 以逾越这些障碍, 这种做法并不可取. 甚至狄奥东尼本人在 1980 年的 (ICME-Ⅳ) 会议上断言说: 几何"突破了其传统狭隘的束缚……已经显露出其潜在的力量及其异乎寻常的多面性和适应性. 从而成为教学中最广泛和最有用的工具之一."这与他在 1959

年所说的"欧几里得滚出去!"的说法已有很大的不同了.

英国数学家阿蒂亚(M. Atiyah)在谈到数学教育的内涵是什么时说:"……欧氏几何最初是数学原始材料的巨大源泉,几个世纪以来都是学校教育的台柱,可是现在它失去了王位,被贬至后排座上. 19世纪战场最终以代数与分析的胜利而告终,这最后必定导致欧氏几何在中学和大学的名存实亡,有种种理由使我觉得这是最不幸的事……我一直试图指出,本世纪的数学很大程度上是与这样的困难作斗争. 它们的本质特征是几何的……当然对这种更一般的几何观点,欧氏几何的框架太窄了. 然而,常常出现的情况是,欧氏几何下了台,却没有什么可以填补上这个空位. 我对几何作用的减少感到遗憾的另一个理由是,几何直觉仍是增进数学理解力的很有效的途径,而且它可以使人增加勇气,提高修养,需知我不是强要别人增加任何一门几何课,我只是请求尽可能广地应用各种水平的几何思想."(引自M. 阿蒂亚著《数学的统一性》,江苏教育出版社)

从阿蒂亚的话中可以看出数学家们对"新数运动"在数学教学中完全废弃欧几里得几何是深表担忧的. 认为这是"最不幸的事". 但是,对在中学课程中为什么要学习几何? 中学几何课的内容是什么? 几何与计算机辅助教学(CAI)等问题均没有作出很好的回答.

1995年9月国际数学教育会议在意大利西西里的卡塔尼亚(Catania)召开,并提出了一份题为"21世纪几何教学的展望"的专题讨论文件. 文中对20世纪下半世纪以来几何课程改革进行了总结,指出:

在大部分国家中,几何似乎已逐渐在数量和质量两方面失去了其在数学教学中的中心地位……情况通常是,几何已被完全忽略掉,或者只包含了其中非常少的有关内

王申怀数学教育文选

容……几何问题趋向于局限在有关简单图形及其性质的初等"事实"上，而且根据报告其成绩也相对地差……

近几年，数学课在强调问题提出和问题解决活动中，有一种向传统内容回归的趋势．然而，试图恢复早期作为许多国家学校几何课主要经典内容的欧氏几何远未得到成功……

一般说来，他们在大学期间对有关数学中要求更深的部分（特别是几何）的准备更为不足，因为较年轻的教师是在忽略几何课程中学习数学的．他们在这个领域缺乏良好的背景，又转过来助长了他们忽视几何教学的倾向……

这种状况，在那些正规学校教育缺乏传统的国家中尤为严峻，在某种情况下几何被完全从数学科目中剔除了……

（引自"21世纪几何教学的展望"，数学通报，1995年第5期）

以上就是"新数运动"以来国外的数学家和数学教育家对几何课程改革的看法和反思．

二、义务教育下我国中学课程的演变

1976年后，随着"四人帮"的倒台，全国进行了"拨乱反正"，教育秩序也逐渐恢复．在1978年我国制定了《全日制十年制学校中学数学教学大纲》（试行草案），并据此大纲编写了全国通用教材，首先提出了数学教育内容现代化问题；在高中数学中增加了微积分并进行实际教学，这在我国数学教育史上还是第一次，但新大纲和新教材很难适应全国教育水平极不平衡的现象．要求全国进行微积分教学实际上是不可能的，因此在1983年11月原教育部又颁发了高中数学教学的两种要求的数学教学"纲要"，提出了"基本要求"和"较高要求"两种标准，并编写了相应的两种课本称为"甲种本"和"乙种本"．1986年11月国家教委又按照"适当降低难度，减轻学生负担，教学要求尽量明确具体"三项原则，制定了过渡性数学教学大纲. 1988年1月制定了《九年义务教育全日制中学数学教学大纲》，第一次提出了数学教学的目的应从由升学教育到全民素质教育的根本转变. 1990年全国教委又修订了数学教学大纲，公布了《全日制中学数学教学大纲（修订本）》. 这次变化主要是规定在高中阶段数学分必修内容和选修内容. 必修内容为文史类高考和高中毕业会考的命题范围. 部分选修内容是理工农医类高考的命题范围. 这样修订的大纲虽然增加了弹性，但由于高考指挥棒的影响，实际上学校在教学上并没有选择的余地，单一化的课程结构至今未能改变. 由于我国高中数学课程存在着内容陈旧、知识面窄、课程结构单一等弊端，国家教委基础教育司自1994年3月起，经过调查研究、编拟初稿、征求意见、审查修订等几个阶段，于1996年4月经国家教委审批，公布了《全日制普通高级中学数学教学大纲》（供试验用）. 大纲中对数学教学重新作了安排，高中数学课程安排包含必修课、限定选修课和任意选修课. 高一、高二年级开设必修课，作为高中阶段的共同基础. 高三年级分为文科、理科和实科三种水平，分别开设不同的限定选修课，作为分流的基础，1997年根据新高中教学大纲编写出教材在部分省市进行试验.（目前已经由人民教育出版社出版了《数学》高一、高二共四册）.

第二节　现代数学教育思想
——问题解决与几何课程改革的新探索

一、"问题解决"（Problem Solving）口号的提出及其对数学教学的影响

1."问题解决"的由来

"新数运动"在数学课程改革运动中的显著特征是：在

中学数学课程中引进现代数学概念，使整个数学课程结构化、代数化；废弃传统的欧几里得几何，强调公理法. 这样必然会忽视数学的实际应用，忽视对学生在归纳、类比、猜想等合情推理方面的培养；忽视对学生进行实际计算能力的培养. 数学教育工作者、教师们也认为"在耗费了巨大的劳动与资助以后，实际结果还是比较不太显著，一个曾经受到质问的问题依然存在——许多低年级学生仍然不会做加法！"因此，在 1973 年后美国数学教育理论中又出现了一个诱人的口号"回到基础"（Back to Basics）.

"回到基础"强调"最低基本要求"，重视"计算技术"，这种矫枉过正的做法不能不引起一些有识之士的忧虑. 认为这是一种倒退，它全面抛弃了以往数学教育改革所取得的成果. 美国国家课程测试（NAEP）主席指出了这种倒退："一个时期以来公众特别强调基础，而评估数据都表现学生的数学能力下降了，解决问题的能力、理解概念的能力尤其下降得多."为了防止这种倒退，又试图纠正过去数学教学改革中过于偏重理论结构，忽视应用的倾向，在 1980 年 4 月全美数学教师协会（NCTM）公布了一份名曰《行动的议程——80 年代数学教育的建议》（An Agenda for Action）的文件. 此文件指出，应该从实用出发精选传统内容，增加应用的新课题，不断适应新发展的需要. 其中第一条就说："必须把问题解决作为 80 年代中学数学的核心."并认为"在问题解决方面的成绩如何，将是衡量个人和民族数学教育成功的有效标准，问题解决的重要性是不言而喻的，数学课程要围绕问题解决来组织."

1980 年 8 月第 4 次国际数学教育大会（ICME）在美国加州伯克利召开. 会上讨论了全美数学教师协会提出的中学数学的改革方案，即《行动的议程》. 从此，"问题解决"的口号第一次出现在国际数学教育界. 这一口号一经提出，

三、几何课程教改探讨

立即得到其他国家的关注，例如 1982 年英国数学教育界提出一个文件《数学重要》（Mathematics Counts）中指出"应将问题解决作为课程论的重要组成部分."强调"数学只有在解决各种实际问题的情况下才是有用的". 从此对问题解决的研究和实践越来越深入和广泛，并逐渐发展成为世界性的数学改革的口号.

"问题解决"作为数学课程的核心在美国已暴露出一些缺陷. 例如，"几何经验主义"在美国学校的盛行，这就表现出问题解决有一定的局限性，因此美国数学教育家萧恩菲尔德（A. Schoenfeld）指出："单纯的问题解决的思想过于狭窄了，我希望的并非仅仅是教会我的学生解决问题……而是帮助他们学会数学的思维."

2. "问题解决"的口号对数学教育的影响

如何理解作为数学教育改革口号的"问题解决"？

自 20 世纪 80 年代初"问题解决"作为数学教学改革的一个口号提出以来已有十几年的历史，它不但成为数学教育工作者研究的一个课题，而且也成为心理学家、教育学家研究的一个课题. 目前已取得不少研究成果. 在美国已有不少专著出现，其中较著名的有 Silver 著的《Teaching and Learning of Mathematical Problem Solving》（1985 年版），Charles 著的《The Teaching and Assessing of Mathematical Problem Solving》（1989 年版），目前对于"问题解决"作为一种数学教育思想有以下几种看法：

（1）"问题解决"是数学教育目的之一，且必须作为一个数学教学目的.

美国 1989 年《学校数学课程评估标准》中提出了五条标准作为学生具有"数学素养"的准则，并把它作为数学教育改革的具体目标. 其中第三条为"有问题解决能力，这里的问题可以来自数学内部，也可以来自数学外部，但

更主要的是指来自现实世界的问题．要求学生有归纳问题、进行调查研究、收集数据、进行论证、找出答案的能力．"

（2）"问题解决"是数学教学活动的过程．

正如美国数学管理者大会（NCSM）所认为的那样，"将先前已获得的知识用于新的、不熟悉的情境的过程就是问题解决．"这实际上把问题解决作为一个数学教学过程．当然，这不是一般的数学教学过程，它是一个能动的、不断发展的过程．是学生通过数学思维，去探索、发现、创新的过程．它除了包含一系列的思维活动外，还与认知、情感等因素有密切的联系．因此，"它是一个过程，而不是结果，这就是问题解决．"

（3）"问题解决"是一种数学教学方式．

美国《学校数学课程评估标准》中指出："数学内容的学习就应该用问题解决的方式进行．"这就明确提出了问题解决应该作为一种数学教学方式．当然，这里不是说所有数学知识、技能的学习都要按问题解决的方式来进行的，而是针对传统的教学方式，由教师讲学生听的方式而言．对某些数学知识、技能的学习，如某些数学思想的学习，采取问题解决的教学方法有其优点．事实上，并不存在一种最好的教学方法．而且如果只运用唯一的一种教学方法进行教学，其效果肯定是不好的．这是因为它不能适合所有学习条件和特定的学生．正如法国教育家第斯多惠所说的那样："如果使学生惯于简单的接受和被动的工作，任何方法都是坏的；如果能激发学生的主动权，任何方法都是好的．"问题解决作为一种数学教学方式，恰恰就需要激发学生的主动权，因此把问题解决作为一种教学方式就值得进一步探讨与研究了．

3. "问题解决"在数学教学改革中的作用

现代教育理论指出，学生在正规课程内容学习时，会有意无意地接受兴趣和情感等的熏陶. 这种熏陶可以称为潜课程（Patant Curriculum）或称隐蔽课程（Hidden Curriculum）. 通俗地说，就是学生在学习知识的过程中，还能形成一些非智力因素. 而这些非智力因素有些可能具有积极作用，有些可能是消极的. 例如，一个学生在学校可以得到优秀的数学成绩，但可能由于某种原因，他会"讨厌"数学. 因此在离开学校后，他就再也不会去主动研究数学问题了. 事实上，我国某些数学奥林匹克竞赛金牌获得者，不愿进入大学数学系学习就是一例. 美国数学教育家波利亚（G. Polya）曾明确指出："你卷进问题的深浅程度将取决于你解决它的愿望的殷切程度. 除非你有十分强烈的愿望，否则要解决一个真正的难题的可能性是很小的（《数学的发现》第 2 卷）."A. Schoenfeld 曾经调查了美国学生中十分普遍的一些错误观念：数学学习基本上靠记忆和模仿；每个问题都有固定的答案和解法；数学问题应该在短短几分钟内就能解决等等. 同样，在我国中学生中间也存在相同的看法. 因此，我们在数学教学过程中必须努力去分析形成这些错误观念的原因，同时要努力去改变这种不良的"学习环境". 帮助学生逐渐形成新的正确的观念. 这就是说在"数学教学过程中必须教潜课程"，而大量的实践表明，在"问题解决"的教学过程中，真正是体现了这个"潜课程"的现代数学教育思想.

问题解决教学要求教师帮助学生学会自己思考问题. 这样教师就不只应该像教练一样用示范的方式来解决问题，教师必须给学生提供数学活动的机会，使学生能参与进来. 因此，这就不同于传统的教学中教师所扮演的角色. 一般说来，在问题解决教学过程中教师既是示范者（即教师应该提供正确解题或证明的示例）；又是顾问，辩论会主席（即教师应该帮助学生进行思考，又能提出问题，并把大部

分思考留给学生）；又是质疑者（即教师应该通过诘问来促使学生作出合理的和有目的的结论，并给出自己结论的证明）．因此，可以说在问题解决的教学过程中，大大地丰富了数学教师的主导作用的发挥．

问题解决的教学过程包括问题的提出和形成的过程．这就需要敢于突破传统思想的束缚，鼓励学生大胆猜想，从整体上把握问题，广泛地应用分析、综合、一般化、特殊化、演绎、归纳、类比、联想等各种思维方法，这就能充分培养学生的研究问题和发现问题的能力，这就培养了学生的创新精神．同时，在问题解决的教学过程中，学生是以群众参加这个过程的．这就可以培养学生之间的合作精神，这些都是现代教育思想所提倡的．

二、当前几何课程改革的新探索

在古希腊，几何是数学的同义语．尤其是欧几里得《几何原本》问世以来，由于几何学已成为一个完整的概念体系，定理严格地一个接一个，而最初的起点来自公理和定义，所以人们认为几何就是真理．几何不仅成为演绎科学的一种范例，也是最古老的教学法的范例．20 世纪，特别是希尔伯特通过对欧氏几何公理体系的研究，提示了传统几何中所存在的缺陷，几何的这种至高无上的地位逐渐消失了．正如英国数学家阿蒂亚（M. Atiyah）所说："欧氏几何……几个世纪以来都是学校教育的台柱，可是现在它丢失了王位，被贬至后排座上．"荷兰数学教育家弗赖登塔尔也说过："要想以强化几何的演绎结构来拯救传统几何那是注定要失败的．"那么，我们究竟如何来"拯救"现在的几何呢？

1. 几何教学现代化问题

几何究竟在中学数学教学中应占什么地位，以及如何

改革中学几何课程等问题成为目前迫前需要解决的问题.为此吴文俊先生在"数学教育现代化问题"（《数学通报》1995 年第 2 期）一文中明确指出：数学教育现代化问题就是机械化问题.吴文俊先生说："现代化就是机械化，能够把这两者等同起来."对于这个等同"你可以有不同的理解，完全不同的理解.我说如果要机械化的话，大学现在还谈不上，中、小学本来应该是机械化的.""所以我想谈的主要是中学范围里边的数学现代化，或者照我的看法，所谓数学机械化的问题."

吴文俊先生根据数学现代化就是机械化的思想，特别对中学几何课程改革提出了一整套看法.吴先生说："对欧几里得几何应该怎么看，我说明一下我的看法，我有点倾向于恩格斯的数学关系.数学研究数量关系与空间形式，简单讲就是形与数，欧几里得几何体系的特点是排除了数量关系.""……对于几何，对于研究空间形式，你要真正的腾飞，不通过数量关系，我想不出有什么好办法，当然欧几里得漂亮的定理有的是，漂亮的证明也有的是.可是就算你陷到里面，你也跑不了多远……可是我说要真正的腾飞呀，我想不出你有什么好办法."这里吴文俊先生明确指出为了使中学几何"腾飞"，必须采取"数量化"的方法，也就是要及早地引入坐标，使几何"解析化"，使几何可以计算.这是几何机械化的开端，也就是几何现代化的开端.

吴文俊先生又提出："……就像小学赶快离开四则难题引进代数一样，中学也是赶快离开欧几里得，用什么方式，引进到什么程度，这个要从长计议.可是基本上应该及早地引进解析几何.""四则难题让位于代数，欧氏几何让位于解析几何，这就是我的基本主张.至于怎么样具体处理，那是另外一回事."

吴文俊先生的观点是很有见解的，也是非常深刻的，这是现代数学思想的发展．这种观点在某种程度上与著名数学家陈省身教授"好的数学与不好的数学"的观点有类似之处．陈省身先生在"21世纪的数学"（《数学进展》1992年第4期）一文中指出：

"一个数学家应当了解什么是好的数学，什么是不好的或不大好的数学，有些数学是具有开创性的，有发展的，这就是好的数学．还有一些数学也蛮有意思，但渐渐变成一种游戏了……让我举例来谈谈，大家是否知道有个拿破仑定理？（作者注：拿破仑定理是初等几何的一个定理，即在任意三角形的三条边上向外各作一个正三角形，则所得三个正三角形的中心构成一个新的正三角形）．这个数学就不是好的数学，因为它难有进一步发展……那么什么是好的数学？比如说解方程就是，搞数学都要解方程……"

应该说我们教给学生的数学是好的数学，不应该教给学生一些不好的数学，现在欧几里得几何实在已难以发展，可能现在或将来欧几里得几何都会成为不好的数学，那么我们为什么还要再把它教给学生呢？所以吴文俊先生说："中学赶快离开欧几里得．"吴文俊先生又说："……说到几何学，我还要说一句非常极端的话，我认为中国的传统几何才是真正的几何学（这里吴先生说的中国传统几何学是指我国古代10，11世纪用天元、地元来表示某一几何事实、几何事物，那么几何事物之间的一些相互关系，就表示为天元、地元之间的一种方程．天元、地元的引进使几何的代数化成为可能，实际上就是笛卡儿的解析几何思想——作者注）．而决不是欧几里得几何是真正的几何学．这是我个人观点，是不能作为定论的．"

由于吴文俊先生创造了"吴方法"，使初等几何机器证明得以实现．同时由于电子计算机的发展与普及，计算机辅助教学（CAI）逐步发展．因此几何课程的现代化（或机械化）已经成为可能．

2. 教育数学的新探索

为了把中学课程改革深入下去，张景中先生就大力提倡这种"数学上的再创造"，并称之为"教育数学"．张景中先生认为要根据教育规律，对数学学科的成果或说是具体的数学内容施以数学上的再创造，这种再创造是为了数学教育的需要，同时又超出了"教学法上加工"的范围，这就形成了教育数学．

数学知识，特别是作为数学教育内容的基础知识是现实世界的空间形式和数量关系的反映．同样的空间形式或数量关系，可以用不同的数学命题来反映．但是，有的反映方式便于学习、掌握、理解、记忆；有的则不然；有的反映则抽象迂回；有的适合于中学生学习；有的适合于科学研究．因此，尽管数学命题（或说反映形式）都是客观事物的反映，但教学效果会大不一样．例如，用罗马数字 Ⅰ，Ⅱ，Ⅲ，Ⅳ，Ⅴ 或中国的方块文字一、二、三、四、五，这些都是自然数的反映，但如果用它们来进行算术四则运算与阿拉伯数字 1，2，3，4，5 来进行四则运算的教育效果的差别是显而易见的．因此，为了教育效果，我们必须重新审视现在已有的数学知识，去检查它在教育上的适用性．联系前后左右的教学内容，联系学生的心理特征与年龄特征，去看一看，问一问哪种反映方式比较优越，能不能找出更优越的反映方式．这就是教育数学研讨的问题．例如，研究平面图形的性质，可以学习欧几里得的《几何原本》；也可以学习"解析几何"或"质点几何""向量几何"，也可以再创造出一种新的几何体系，考察一下究竟哪种形式反映客观图形方式的几何更便于学生的学习，这便是教育数学．

从教育数学的角度看，有些数学为什么学生觉得难学，很可能是由于这些数学成果未能给客观世界提供好的反映形式．这就需要我们去再创造，再寻找更优的反映方式．也就是说通过教育数学的研究去改造现有的数学概念的表达方式，以提供更便于学生学习的教材（见［5］）．以上就是张景中先生对目前中学课程，特别是平面几何课程改革的新见解．这种具有创新意义的见识无疑地会对今后数学课程改革产生很大的影响．

张景中先生的教育数学以平面几何为突破口，进行了深入研究，提出了用"面积法""消点法"重新革新传统的几何课程，下面我们简单地介绍一下"面积法"和"消点法"（见张景中著《平面几何新路》，四川教育出版社），并说明如何对具体的数学内容（平面图形的一个性质）作数学上的再创造．

例：设平行四边形 $ABCD$ 的对角线 AC，BD 交于 O 点，求证：$AO=CO$.

把上述问题用于以下几步来重新叙述：

（1）任取平面上不共线三点 A，B，C；

（2）过 C 作 AB 的平行线，过 A 作 BC 的平行线，两线交于 D；

（3）连 AC，BD 交于 O；

（4）要证：$\dfrac{AO}{CO}=1$.

证明过程：

首先消去 O 点：因为 O 是 AC，BD 交点，故 $\dfrac{AO}{CO}=\dfrac{S(\triangle ABD)}{S(\triangle BCD)}$，

再消去 D：由 $CD/\!/AB$，得 $S(\triangle ABD)=S(\triangle ABC)$. 由 $AD/\!/BC$，得 $S(\triangle BCD)=S(\triangle BCA)=S(\triangle ABC)$，

于是 $\dfrac{AO}{CO}=\dfrac{S(\triangle ABD)}{S(\triangle BCD)}=\dfrac{S(\triangle ABC)}{S(\triangle ABC)}=1.$

这个命题的传统证法是：先证 $\triangle ABD\cong\triangle CDB$，再证 $\triangle ABO\cong\triangle CDO$ 从而得出 $AO=CO$，证明过程中要用到 $\angle ABO=\angle CDB$．这两个内角是内错角．但为什么是内错角呢？这是由图上直观得出的．由此可见，欧几里得传统方法不仅思路难以掌握，而且往往要用直观，而上述面积法、消点法则往往兼有严谨与简捷这两个方面的优点．

张景中先生经过精心的研究得出所有平面几何的命题都可以采用"消点法"来证明．为此，张景中先生在"机器证明的回顾与展望"（《数学通报》1997 年第 1 期）一文中指出：

"吴（文俊）法的成功使一度冷落的几何定理机器证明研究活跃起来，用代数方法证明几何定理的方向受到重视，新的代数方法接连出现……用吴法可在微机上很快证明困难的几何定理……这一进展是自动推理领域一大突破．被国际同行誉为革命性的工作．"

"代数方法不能使人满意的是，它所给出的证明是关于多项式的繁复的计算，人们难于理解其几何的意义，也难于检验其是否正确，能否让计算机生成人们能理解和易于检验的简明巧妙的证明，即所谓可读性证明，是对自动推理和人工智能领域的一个挑战性课题．"

张景中先生在 1992 年解决了这个课题，实现了几何定理的可读性证明的自动生成．这一新方法既不以坐标为基础（代数法的基础是利用坐标），也不同于传统的综合方法，而是一个以几何不变量为工具，把几何、代数、逻辑等方法结合起来形成一套作图规则，如上述例子中作图步骤（1）（2）（3），建立与这套作图规则有关的消点公式，当命题条件以作图语言的形式输入时，程序可调用适当的消点公式，把结论中的约束逐个消去，最后达到水落石出，即得出结论. 而消点过程的记录就是一个具有几何意义的可读性证明. 在大多情况下, 消点法也可用笔纸证明定理. 从而它结束了两千多年以来几何证题无法可依的局面, 把初等几何解题法的层次推进到机械化的阶段.

吴文俊先生的"数学教育现代化"即机械化的思想, 与张景中先生的"教育数学"的见解与科研成果, 毫无疑问会对几何课程改革提供一个广阔的前景, 并指出了一条具体的道路. 他们的共同之处就是对传统几何课程改革必须从根本上做起, 即必须全方位、彻底地重新审视现有的中学全部几何教学内容, 对传统几何来一个"脱胎换骨"的彻底改造, 采用一种全新的方法来讲授几何. 这样, 几何课程改革才能有所突破.

三、未来的挑战与关键问题

目前世界各国对 21 世纪的几何教学都有一些展望, 并提出一些设想. 各种新教育理论的出现以及计算机辅助教学（CAI）的发展, 对几何课程改革的影响很大. 因为计算机能使一些"虚拟"的、"想象"的图形变为现实, 并能展现出图形的变化过程, 这恰恰可以把"学数学就是做数学"的新教学理论付之实现. 这样可以使学生在日常生活中无法得到的或只有经过长期工作后才能取得的经验, 在短时期内获得. 计算机也可以使学生对几何变换有更深的理解. 例如用计算机进行平移、旋转、反射、对称、放大、缩小等变换是很容易实现的. 这就可以导致对几何对象给予一个动态的显示, 必将有助于学生了解几何图形的不变性质. 这些都将会影响今后几何课程的教学内容和方法, 国际数学教育委员会（ICME）在 1995 年提出了一个"21 世纪几何教学的展望"的专题化讨论文件, 其中包括了对今后几何教学目标、内容、方法等提出了一系列问题, 供大家讨论，下面摘录如下：

（1）目标——为什么教授几何是可能的，必要的？下述目标中，对几何教学最贴切应是哪些？

描述、理解和解释现实世界及其各种现象；

提供一个公理化的范例；

为学生的个人活动提供丰富，多样的问题和习题集；

对学生进行作出猜测、表述猜想、提出证明、找出例子和反例的训练；

作为其他数学领域的一种服务工具；

用于公众对数学的感性认识.

（2）内容——应当教什么？

在几何教学中强调"深度"还是强调"广度"更好？确定一个核心课程是否可能或可取……是将几何作为一门专门的、独立的学科进行教学，还是将其融合到一般的数学课中？以何种方式学习线性代数才能增进对几何的理解？抽象的向量空间必须在哪一阶段引入？其目的是什么？在课程中包含若干非欧几何的内容是否可能和有用？

（3）方法——我们应当如何教几何？

几何教学中公理化的作用是什么？是一开始就应当叙述完整的一组公理？还是逐步地通过"局部演绎"方法引入公理更可取呢？按照传统，几何是一门证明定理的科目：那么，"定理证明"是否只能局限在几何课中？随着学生年龄和学校级别的逐步递增，我们是否要给学生严格程度不同的证明？证明的目的是为个人理解，他人相信，还是为了解释、启发、验证？

王申怀数学教育文选

参考文献

［1］丁尔陞. 中学数学教材教法总论. 北京：高等教育出版社，1990.

［2］曹才翰. 中学数学教学概论. 北京：北京师范大学出版

社，1990.

[3] 杰·豪森，等. 数学课程发展. 北京：人民教育出版社，1991.

[4] 弗赖登塔尔. 作为教育任务的数学. 上海：上海教育出版社，1995.

[5] 张景中. 教育数学探索. 成都：四川教育出版社，1994.

[6] 吴文俊. 数学教育现代化问题. 数学通报，1995（2）：0-4.

[7] 张景中. 机器证明的回顾与展望. 数学通报，1997（1）：4-7.

三、几何课程教改探讨

■编写新教材中的一些感想 *

最近因为参加编写教材工作，阅读了一本美国中学教科书——《发现几何》（迈克尔·塞拉著，中译本，人民教育出版社），其中有一段读后感触颇深，转载如下：

由于正五边形不能形成棋盘形嵌石饰，你就知道不是每一种五边形都能镶嵌的．那么是否至少有一种五边形能够镶嵌呢？是的，存在着好多种．什么样的五边形能够镶嵌呢？在 1967 年以前，人们认为，所有能够镶嵌的五边形可以分为五种类型．但是在 1967 年，约翰·霍普金斯大学的理查德·克尔虚纳发现了三种新的．几乎所有的人都认为这个问题已经解决了．1975 年，圣地亚哥的一位有了五个孩子的母亲玛乔里·赖斯引起了人们的注意．当她读了马丁·加德纳在《科学的美国人》上撰写的克尔虚纳发现新型的镶嵌五边形的文章之后，就开始了她自己的探究．她没有受过高于高中一般数学的正规训练，但在不多的几个月内就发现了第九种类型的镶嵌五边形．到了 1977 年，玛乔里·赖斯又发现了四种镶嵌五边形．到 1988 年为止，还没有人发现其他类型的镶嵌五边形，也没有人证明不存在其他类型的镶嵌五边形．那么，总共有多少种类型的镶嵌五边形呢？镶嵌五边形至今仍是个悬而未决的问题．

王申怀数学教育文选

* 本文原载于《数学通报》，2004（6）：40-41．

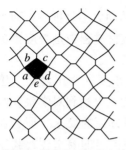

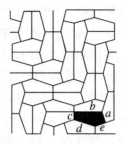

类型 9，发现于 1976 年 2 月
$$2E+B=2D+C=360°$$
$$a=b=c=d$$

类型 13，发现于 1977 年 12 月
$$B=E=90°\quad 2A+D=360°$$
$$2C+D=360°$$
$$a=e\quad a+e=d$$

玛乔里·赖斯发现的两类五边形棋盘形嵌石饰. 大写字母代表阴影所示的五边形的角的度数，小写字母代表边长.

下面谈谈本人的读后感，可能对编写中学数学教材会有益处.

（1）赖斯一定对五边形镶嵌问题很有兴趣，否则作为一位五个孩子的母亲有许多家务事要做，是不会挤出时间来研究这个相当困难的几何问题的. 有人说过："天才就是入迷". 赖斯一定是对这个几何题入迷了，才能如此"天才"地想出五种办法来解决这个难题. 正如王梓坤先生所说："人们追踪一种新事物，往往起源于好奇心. 好奇心越强，钻研劲头越大，甚至遇到巨大困难也置之度外，一心一意搞个水落石出." 现在经常提到要培养学生的创造性，创造性从何而来？我认为"兴趣"（好奇心）是来源之一. 所以在教材中就应该充分注意到学生学习的兴趣. 我以为对学习者来说兴趣是第一位的.

（2）对一位"没有受过高于高中一般数学正规训练"的赖斯来说，解决这个几何问题绝不是靠她的逻辑推理能力，推测她可能是用纸片（或其他材料）剪成各种五边形，经过不断的拼凑才发现解决这个问题的方法，正如数学家

德·摩根所说："数学发明创造的动力不是推理，而是想象力的发挥."那么，我们在编写教材过程中是否应该提供给学生有足够想象空间的材料呢？

（3）"数学课程标准"中提出要让学生经历（感受）、体验（体会）、探索数学活动过程. 以达到对学生在数学思考、解决问题以及情感与态度等方面的要求. 那么在编写教材中如何才能达到"课标"中提出的要求呢？我以为材料的选择是至关重要的. 陈省身先生在对数学家应该如何选择科研题目时曾经这样说过："一个数学家应当了解什么是好的数学，什么是不好的或不大好的数学，有些数学是具有开创性的，有发展的，这就是好的数学……大家是否知道有个拿破仑定理❶……这个数学就不是好的数学，因为它难有进一步发展."同样编写教材也一样，有好的"材料"，也有不大好的"材料". 有些材料对学生来说是容易接受的，有启发性的，有可能创新的，例如对赖斯来说，五边形镶嵌问题就是好的"材料". 在编写教材时我们应该尽量呈现给学生好的"材料".

（这里需要注意，"好的"与"不好的"数学是指对数学工作者在选择科研方向或专题而言的，这与数学"有用"与"没有用"不应该联系在一起. 当然编写教材又与科研不同，应该有不同的选择标准.）

（4）现在大家都在讨论中学数学教材如何现代化. 不少人认为应该把 20 世纪的数学渗透到中学教材中去，以改变过去传统教材只讲 17 世纪以前的数学，所以不少人认为应该让 19 世纪乃至 20 世纪产生的数学进入到中学教材中

王申怀数学教育文选

---

❶ 拿破仑定理：在任意 $\triangle ABC$ 的三条边上向外各作一个正三角形 $\triangle ABC'$，$\triangle BCA'$，$\triangle CAB'$. 设它们的外心分别为 O_1，O_2，O_3，则 $\triangle O_1O_2O_3$ 必为正三角形.

去. 这个问题值得商榷，教材现代化的目的是什么？我以为还是在于发展学生的数学思考能力，培养学生的创新精神. 像赖斯在 1976 年和 1977 年发现的两类五边形镶嵌的方法是"现代"的，是有创新精神的，要知道中学毕业生只有很少一部分人进入大学数学系学习，所以并不是一定要把 20 世纪数学家创造出来的相当抽象的数学加入到中学教材中去.

以上想法和观点不一定正确，供大家评判.

三、几何课程教改探讨

■高中数学课程标准介绍与思考 *

  高中的数学课程标准（实验稿）是 2003 年 4 月教育部正式公布的，大家都知道，从 2004 年开始山东、广东、海南、宁夏四个省已经开始用新课标编写的教材上课了，现在出版的教材已经很多了，人教社就有 A 版、B 版教材，我也参加了人教社 A 版教材的编写工作，所以我介绍一下有关新课标以及我的一些理解．2005 年江苏又加入了用新课标编写的教材实验，2006 年辽宁、天津、安徽、福建也加入了，所以到现在为止十个省市在用根据新课标编写的教材来上课了．2007 年 6 月有四个省第一次用新课标编写的教材进行高考，现在国家教育部考试中心已经编定考试大纲了，广东、山东是自主命题，海南、宁夏由教育部考试中心命题．从这个情况可以看出来，高中的课改是在加快（这是我的理解），所以北京也应该做好准备迎接新课改．下面对新课标做一简单介绍，主要是讲一讲它的特色．

  1. 高中数学课标的框架是模块化．不管你同意还是不同意，它是采用模块化的，采用模块的方式把高中数学知识整合起来，这是它的一个特色．每一个模块 36 学时，分成三大类型、四个系列．第一种是必修类型；第二种，我把它叫做必选类型，什么是必选呢？就是你学文的，你必定要选这两门课，学理的，你必定要选这三门课；第三种叫做任意选课类型．第一种类型就是必修课程，数学 1 到数

  * 这是王申怀在《数学通报》创刊 70 周年纪念会上的发言稿．原载于《数学通报》，2006 （12）：7-9.

学 5，在数学课程标准里边就是必修类型 5 个模块，平均每个模块要 36 学时，所以每个学期要讲两个模块．具体内容呢，数学 1 是集合与函数，数学 2 是立体几何与解析几何初步，数学 3 是算法、统计、概率，数学 4 是三角、平面向量，数学 5 是解三角形、数列、不等式．这是所有高中学生都要学的．第二种类型是必选课程．文科叫系列 1，有两个模块；理科叫系列 2，有三个模块．文科包括常用逻辑用语、圆锥曲线与方程、导数及其应用和统计案例、推理与证明、数系扩充及复数引入、框图等内容．理科包括常用逻辑用语、圆锥曲线与方程、空间向量与立体几何、导数及其应用、推理与证明、数系扩充与复数引入和计数原理、统计案例、概率等内容．理科比文科多学了一点内容，主要是空间向量、计数原理和概率．当然，其他一些内容中，理科教材比文科教材深一些．第三种类型是任选课程，课标上规定为系列 3 和系列 4，采用专题的形式，每个专题 18 个学时．系列 3 有 6 个专题，系列 4 有 10 个专题．系列 3 的专题不作为高考内容．系列 4 的专题有选择的作为高考内容．

  2. 我想将新课标下的教材与以往大纲下的"两省一市"的教材作一下比较．第一，知识内容、知识安排以及对知识掌握的要求不同．新教材增加了很多新内容，例如算法和系列 3、系列 4 里的许多专题．第二，一些原来大纲里有的内容在新教材中加强了，例如统计．第三，选择性、多样性与旧大纲不同．例如系列 3、系列 4 中有许多可选的内容．另外，对一些内容的要求也有不同．例如微积分，导数和圆锥曲线．知识的安排也有所不同．大纲教材的安排基本上是几个主干课，直线型的安排；新课标的教材的知识安排是螺旋式的．以解析几何为例，在必修课程中只讲直线和圆，在系列 1 和系列 2 中才讲到圆锥曲线．用代数方

法解决几何问题是解析几何的精髓，这个思想方法不是一步到位的．这与旧大纲是不同的．教学要求也不一样．仍以几何为例，推理证明很少，采用操作的方式而不严格论证．立体几何里的一些定理引入时并未证明，严格证明在空间向量的章节才给出．这就体现出要求不同．另一方面，教学要求与教学方法也有所不同．譬如立体几何，新教材是先整体后局部，先讲柱、锥、台、球、三视图等内容，再讲点线面，之后才是垂直与平行．这与旧教材有很大不同．新课标明确提出了一些要求：采用从具体到抽象，直观感知、操作确认、思辨论证、度量计算的过程．所以教学目标与教学方法有很大不同．大纲的教材纯粹从知识的角度来考虑，新课标是从学生认知的角度来安排．学生学习立体几何，先感受到的不可能是点线面，而是实实在在的物体，之后才分解为柱、锥、台、球．教学目标也不一样．仍以立体几何为例，新课标要求学生会认识图形，三视图、立体图有所加强，但是不太重视严密的逻辑推理．课标要求学生学会三种几何语言，强调这三种语言协调的进行教学．在人教社 A 版教材中，主编刘绍学先生提出：解析几何中最重要的思想方法包括三步．第一步是将几何问题用代数语言表达，第二步是处理数量关系，第三步是分析计算结果、体现数形结合．我体会实际上是两次翻译：将几何问题翻译成代数问题，再经过计算将代数结果翻译为几何结果．这一思想方法在新教材中体现得很突出．

3. 新课标增加了许多新内容、现代的内容．这我就不详细介绍了．

下面我想说第二个问题，就是新课标对我们教学的启示．

首先，我们应当充分认识数学知识的教育价值．新课标特别提倡学生通过观察、实验操作、归纳类比、猜想探

究等手段发现问题、提出问题，从而解决问题，用这种方式来发展学生的思辨能力、推理论证能力，而不是从公理、定理出发为推理而推理．同时，在学习过程中要提高学生的语言表达能力、合作交流能力、互动的能力．这样不断挖掘数学知识的内涵，即教育价值．

第二，要把握好合情推理与演绎推理的平衡点．以立体几何为例，用直观感知、操作确认、思辨论证、度量计算来研究问题．这实际上体现了合情推理与演绎推理的有机结合．值得注意的是，新课标很重视几何直观，但是几何直观不是目的而是手段，所以不能代替逻辑证明．在教学中要不失时机地引导学生抽象概括，让学生的思维由形象思维发展为逻辑思维．做到这一点很不容易，关键在于找到合情推理与演绎推理的平衡点．情境设计太大太小太多太少都不合适，要协调．合情推理与演绎推理要协调发展，不能用一种倾向代替另一种倾向．有的老师把逻辑推理压缩到很少，也有老师处理情境时不过虚晃一枪，主要还是逻辑推理，这都不符合新课标的精神．

第三，要准确理解过程教学的实质．现在很强调过程，有人提出"过程比结果更重要"，我不大赞同．我认为过程与结果不是孰重孰轻的问题，这本身是两件事情．我们要重视知识产生的背景，知识形成的过程，要讲清来龙去脉，但这不等于不要结果，不等于不重视结果，两者之间不应对立起来．我认为结果与过程是相辅相成的．没有过程，学生掌握不了知识，只有死记硬背；没有结果，过程就是无的放矢．结果是过程水到渠成的．譬如十月怀胎一朝分娩，究竟孰重孰轻？这是不能比较的事．过程的落脚点是结果，两者在教学中应当和谐地统一起来．

第四，新课标很重视发展学生的语言表达能力．

第五，新课标很重视合理地运用现代化多媒体的教学手段. 因为时间关系, 就不展开了.

下面讲最后一个问题, 探讨一下新课标下的评价方式. 评价当然需要考试. 2007 年就要第一次用新课标进行高考, 大家非常关注. 当然评价不等于考试, 新课标中对于评价也有许多具体的要求. 但是考试是评价的主要方式. 高中生最重要的考试就是高考, 而且高考以笔试为主. 新课标第 115 页明确说明: 笔试仍是定量评价的重要方式. 第二, 高考不能大起大落. 高考肯定要改变, 以适应教学发展的需要. 所谓"高考不改, 教无宁日". 但是大改也不行. 高考恐怕是现在社会上唯一的公平、公正、公开的场地. 新课标下高考还是应当稳妥地进行改革, 不可操之过急. 当然试卷肯定会有特色, 包括试题的背景、提问、立意, 都有新的要求. 我认为在新课标下考试, 要区分教学目标与考试目标. 新课标已经制定的教学目标, 但是还必须制定一个考试目标, 即考试大纲. 考试目标与教学目标是有区别的. 有人把这两者混淆了. 教学目标要体现教育的价值, 是对学生素质的全面要求. 作为教学目标的评价要全面, 既要有甄别功能又要有选拔功能, 既要定量又要定性, 既要考察智力因素又要考察非智力因素. 这与考试目标不同, 特别是高考. 它具有特殊功能, 选拔是其首要任务, 目的是为高校录取学生. 因此考生考分必须拉开, 试题必须要有区分度. 因此考试目标与教学目标必然不同. 有些内容可以作为教学目标, 但是不能作为考试目标. 例如一些非智力因素, 情感、态度、价值观. 反过来, 有些内容可以作为考试目标, 但是作为教学目标也未必合适. 有老师问算法怎么考, 统计案例怎么考, 我想他没有区分教学目标与考试目标. 根据算法, 统计案例的教学目标就很难在 1 至 2 小时内进行考试. 为什么会产生这个问题呢? 我认为这和我们的国情有关. 本来是不应当考什么教什么, 可是现在

王申怀数学教育文选

就是考什么教什么．所以一些老师自然而然就将两者混淆了．我认为新课标下的考试仍是重视基本知识、基本理论、基本方法的测试，还是重点内容重点考，还是应当紧扣大纲、难度适中、区分合理、选择性强的命题．

三、几何课程教改探讨

■美国芝加哥大学中学数学设计（UCSMP）教材介绍

——高中第六册图论与网络一章*

美国芝加哥大学中学课程设计（简称 UCSMP）开始于 1983 年，是为了改进六年制中学数学课程而编写的．从 1983～1994 年共进行了两轮试用，全部共六册，书名为：过渡数学；代数；几何；高中代数；函数、统计和三角；微积分初步和离散数学．大致每一册供一学年度使用．因此第六册相当于我国高三年级使用的教材．该册在离散数学方面很有特色，许多内容是目前我国教材中所欠缺的，现在把第六册中第十一章图论和网络编译介绍如下．

序言

哥尼斯堡是东普鲁士的一座城市，有一条河流经该市（如图 1），河中有两个孤岛，两岛与两岸之间有 7 座桥相互

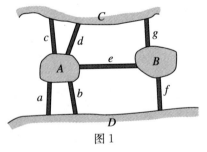

图 1

* 本文原载于《数学通报》，1996（7）：26-29；（8）：38-41.

连接. 于是有人提出这样一个问题：能否设计这样一条散步路线，使得一个人能从陆地上（岸上或岛上）出发，经过每座桥一次且仅过一次，最后回到原处？这就是哥尼斯堡问题. 欧拉把这个问题化为一个简单的几何模型称为图，然后把它解决了. 答案是否定的.

§1　图的模型

如果我们把哥尼斯堡问题中两岛用字母 A，B 表示，两岸用字母 C，D 表示，七座桥用字母 a，b，c，d，e，f，g 表示，那么可以画出一张图，如图 2.

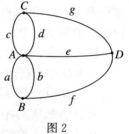

图 2

问题就可以这样来叙述：是否存在这样的路径，从 A，B，C，D 中任一点出发，通过每条边一次，最后回到原来出发点？

图 2 可以作为哥尼斯堡问题的一个模型.

§2　图的定义

考虑图 3.

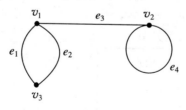

图 3

（1）图中有三个顶点：v_1，v_2，v_3；

（2）有四条边：e_1，e_2，e_3，e_4；

（3）每条边的端点可用下表来给出：

边	顶点
e_1	$(v_1,\ v_3)$
e_2	$(v_1,\ v_3)$
e_3	$(v_1,\ v_2)$
e_4	(v_2)

这张表说明边和顶点之间的关系，可称为边—顶点函数，现在来给图下一个定义：

图 G 由下述三方面组成：

（1）G 中有有限个顶点；

（2）G 中有有限条边；

（3）边和顶点有一定的关系．

由一条边连接的两个顶点称为**相邻点**，有一个公共端点的两条边称为**相邻边**（如图 3 中 e_2，e_3）．有两个相同端点的两条边称为"**平行**"边（如图 3 中 e_1，e_2）．只有一个端点的边称为**圈**（如图 3 中 e_4）．

例 1　画出下述图 G：

（1）顶点：$\{v_1,\ v_2,\ v_3,\ v_4,\ v_5\}$；

（2）边：$\{e_1,\ e_2,\ e_3,\ e_4,\ e_5\}$；

（3）边与顶点关系：

边	顶点
e_1	$(v_1,\ v_2)$
e_2	$(v_1,\ v_4)$
e_3	$(v_1,\ v_4)$
e_4	(v_5)
e_5	$(v_4,\ v_5)$

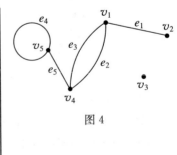

图 4

图 G 如图 4 所示.

定义 没有圈，没有"平行"边的图称为**简单图**.

如果图 G 中每条边都有一个方向（可用箭头来表示），那么称 G 为有向图，如图 5.

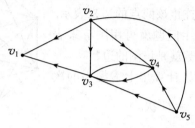

图 5

定义 设 G 是有 n 个顶点 v_1，…，v_n 的有向图，那么可以导出一个 $n \times n$ 矩阵 $\boldsymbol{M}$，$\boldsymbol{M}$ 中第 i 行，第 j 列的元素是图 G 中从顶点 v_i 到 v_j 的边数. 这个矩阵称为图 G 的**邻接矩阵**.

图 5 中 G 的邻接矩阵为

$$
\begin{array}{c@{}c}
 & \begin{array}{ccccc} v_1 & v_2 & v_3 & v_4 & v_5 \end{array} \\
\begin{array}{c} v_1 \\ v_2 \\ v_3 \\ v_4 \\ v_5 \end{array} &
\left[\begin{array}{ccccc}
0 & 0 & 0 & 0 & 0 \\
1 & 0 & 1 & 1 & 0 \\
1 & 0 & 0 & 1 & 0 \\
0 & 0 & 1 & 0 & 0 \\
0 & 1 & 0 & 1 & 0
\end{array}\right].
\end{array}
$$

如果给出的图是无向的，那么每条边按不同方向各计算一次. 由此可知，无向图的邻接矩阵为对称矩阵. 例如，由下述邻接矩阵

$$
\begin{array}{c@{}c}
 & \begin{array}{ccc} v_1 & v_2 & v_3 \end{array} \\
\begin{array}{c} v_1 \\ v_2 \\ v_3 \end{array} &
\left[\begin{array}{ccc}
1 & 2 & 0 \\
2 & 2 & 0 \\
0 & 0 & 0
\end{array}\right)
\end{array}
$$

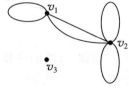

图 6

画出相应的图为图 6.

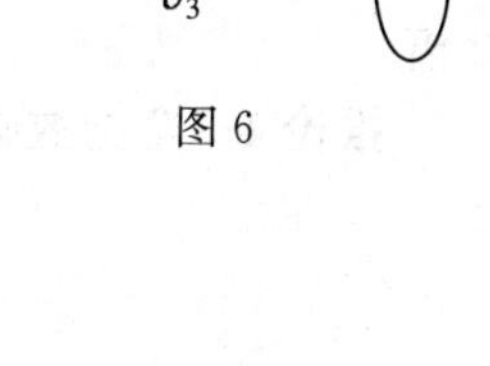

§3 握手问题

假设有七人集会，每人与另六人都握手一次，问共握手几次？

我们可以用点来表示人，两人握一次手用一条连接该两点的边来表示. 那么，上述握手问题就可用图 7 来表示，握手的次数就是该图的边数.

图 7

显然，容易计算出七人握手的次数为 $\dfrac{7\times(7-1)}{2}=21$ 次.

假设有 47 人集会，在集会过程中是否有可能每个人恰与 9 人握手？

这也是一个握手问题，为了解决这个问题我们先引入下述定义.

定义 若 v 是图 G 中一个顶点，以 v 为端点的边数称为 v 的**指数**，记为 $\deg(v)$. 如果 v 作为某一圈的端点，那么圈这条边要计算 2 次. 图 G 中每个顶点指数之和称为图 G 的**全指数**.

例 2 图 8 中，$\deg(v_1)=3$，$\deg(v_2)=4$，$\deg(v_3)=3$. G 的全指数 $\deg(G)=10$.

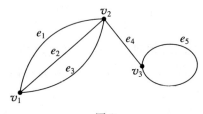

图 8

定理 （图的全指数定理）图 G 的全指数等于边数的 2 倍.

推论 1 全指数必为正偶数.

推论 2　一个图中指数为奇数的顶点个数为偶数.

例 3　47 人集会, 每人恰与 9 人握手是否可能?

解　答案是否定的.

我们可以用点来表示人, 用连接两顶点的边来表示两人握手, 如果每人恰与 9 人握手可能, 即存在一张图, 每个顶点恰有 9 条边, 即图中指数为奇数 (即 9) 的顶点个数为 47, 这与推论 2 矛盾, 故不可能.

§4　哥尼斯堡问题

定义　设 v, w 是图 G 中的两个顶点, 以 v 为始点, w 为终点相邻点连接的边的序列称为 v 到 w 的**路径**.

从 v 到 w 的一个没有重复边的路径称为 v 到 w 的**道路**.

始、终点为同一点的道路称为**回路**.

经过图 G 中每一点和每条边的回路称为**欧拉回路**.

下面举例说明上述定义.

从图 9 中可以看出 $v_3 e_5 v_3 e_3 v_2 e_4 v_3 e_3 v_2 e_1 v_1$ 是一条从 v_3 到 v_1 的路径, 这里 e_3 是重复的边, 且简记作为 $e_5 e_3 e_4 e_3 e_1$.

$e_3 e_2$; $e_5 e_3 e_2$; $e_4 e_1$ 都是从 v_3 到 v_1 的道路.

$e_2 e_3 e_4 e_1$; $e_1 e_2$ 都是从 v_1 到 v_1 的回路.

$e_1 e_4 e_5 e_3 e_2$ 是图 G 中的欧拉回路.

图 9

因此哥尼斯堡问题可以叙述如下: 在图 2 中 (由 4 个顶点及 7 条边组成) 是否有欧拉回路?

定理　(欧拉回路定理) 如果图 G 有欧拉回路, 那么 G 中每个顶点的指数为偶数.

证明　设图 G 有欧拉回路, 我们可以取图 G 中某点 A

为始点，同时它又是回路的终点，因此作为始点的边数与以它作为终点的边数是相同的，所以点 A 的指数必为偶数，又因为点 A 可在 G 中任意取，因此图 G 中每个顶点的指数均为偶数.

从图 2 中可以看出 $\deg(A)=5$，$\deg(B)=3$，$\deg(C)=3$，$\deg(D)=3$，故它们的指数均为奇数，因此不存在欧拉回路，所以哥尼斯堡问题的答案是否定的.

定义 设 v，w 是图 G 中两个顶点，如果在 G 中存在一条从 v 到 w 的路径，那么称 v，w 是**连通点**，若图 G 中任两点都是连通点，则称 G 为**连通图**.

例 4 图 10 是连通图，图 11 不是连通图.

王申怀数学教育文选

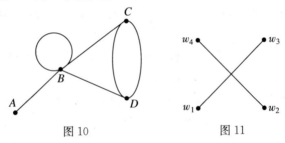

图 10　　　　　　图 11

定理 （欧拉回路的充分条件）如果图 G 是连通的，且每个顶点都有偶指数，那么 G 有欧拉回路.

证明略.

例 5 下述图 12 是否有欧拉回路？如果有找出它.

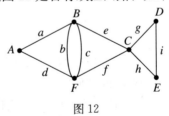

图 12

解 因为 $\deg(A)=\deg(D)=\deg(E)=2$，$\deg(B)=\deg(C)=\deg(F)=4$，都是偶数，由定理知有欧拉回路. 例

如从 A 开始 $abcegihfda$ 是一条欧拉回路.

定理 （回路和连通定理）若一连通图有一回路，则去掉回路中的一条边得到的图仍是连通的.

§5 矩阵的幂与路径

矩阵 A 中第 i 行第 j 列的元素记为 a_{ij}.

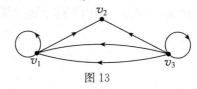

$$\begin{array}{c}\quad\ \ v_1\ v_2\ v_3\\\begin{array}{c}v_1\\v_2\\v_3\end{array}\begin{pmatrix}1&1&0\\0&0&0\\2&1&1\end{pmatrix}\end{array}$$

图 13

考虑图 13 中的有向图 G 以及它的邻接矩阵. 我们规定路径中边的数目为这路径的长度，简称**路长**. 上述邻接矩阵中 $a_{31}=2$ 可解释为从 v_3 到 v_1 路长为 1 的边数. a_{31} 的第一个下标 3 表示始点为 v_3，第二个下标 1 表示终点为 v_1. 同样 $a_{33}=1$ 表示从 v_3 到 v_3 的路长为 1 的边数.

考虑图 14 中无向图和它的邻接矩阵

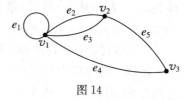

$$\begin{array}{c}\quad\ \ v_1\ v_2\ v_3\\\begin{array}{c}v_1\\v_2\\v_3\end{array}\begin{pmatrix}1&2&1\\2&0&1\\1&1&0\end{pmatrix}=\boldsymbol{A}\end{array}$$

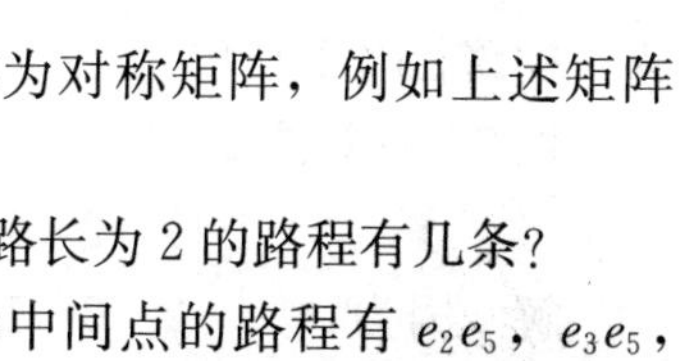

图 14

显然，无向图的邻接矩阵为对称矩阵，例如上述矩阵中 $a_{12}=a_{21}=2$，$a_{32}=a_{23}=1$.

例 6 图 14 中从 v_1 到 v_3 路长为 2 的路程有几条?

解 从 v_1 到 v_3，以 v_2 为中间点的路程有 e_2e_5，e_3e_5，它们的路长均为 2. 同时 e_1e_4 也是一条从 v_1 到 v_3 且路长为 2 的路径. 因此从 v_1 到 v_3 路长为 2 的路径共有 3 条.

路长可用图的邻接矩阵来表示. 例如图 14 中邻接矩阵 $\boldsymbol{A}$ 中每个元素 a_{ij} 表示点 v_i 到 v_j 路长为 1 的路径数. $\boldsymbol{A}$ 中

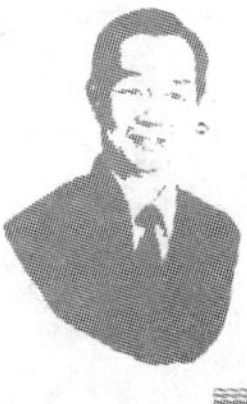

$a_{21}=2$ 表示从点 v_2 到 v_1 路长为 1 的路径数为 2，即 e_2，e_3 两条.

因为邻接矩阵 A 是方阵，所以可以计算它的乘积

$$A^2 = A \cdot A = \begin{pmatrix} 1 & 2 & 1 \\ 2 & 0 & 1 \\ 1 & 1 & 0 \end{pmatrix} \cdot \begin{pmatrix} 1 & 2 & 1 \\ 2 & 0 & 1 \\ 1 & 1 & 0 \end{pmatrix} = \begin{pmatrix} 6 & 3 & 3 \\ 3 & 5 & 2 \\ 3 & 2 & 2 \end{pmatrix}.$$

设 $A^2 = (b_{ij})$，则由矩阵乘法规则知道

$$b_{13} = (1 \quad 2 \quad 1) \begin{pmatrix} 1 \\ 1 \\ 0 \end{pmatrix}$$

$$= 1 \cdot 1 + 2 \cdot 1 + 1 \cdot 0 = 3,$$

上式可理解为

（从 v_1 到 v_1 路长为 1 的路径数）×（从 v_1 到 v_3 路长为 1 的路径数）+（从 v_1 到 v_2 路长为 1 的路径数）×（从 v_2 到 v_3 路长为 1 的路径数）+（从 v_1 到 v_3 路长为 1 的路径数）×（从 v_3 到 v_3 路长为 1 的路径数），这恰好是从 v_1 到 v_3 路长为 2 的路径数. 同样 $b_{22}=5$ 表示从 v_2 到 v_2 路长为 2 的路径共有 5 条，即 e_2e_2，e_3e_3，e_5e_5，e_2e_3，e_3e_2.

由上述讨论可以得出如下定理.

定理 设图 G 中有顶点 v_1，$\cdots$，v_m，且 n 是正整数，A 是图 G 的邻接矩阵，则 A^n 中元素 a_{ij} 表示从点 v_i 到 v_j 路长为 n 的路径（条）数.

例 7 计算图 14 中从 v_1 到 v_2 路长为 3 的路径数.

解 因为 $A^3 = \begin{pmatrix} 1 & 2 & 1 \\ 2 & 0 & 1 \\ 1 & 1 & 0 \end{pmatrix}^3 = \begin{pmatrix} 15 & 15 & 9 \\ 15 & 8 & 8 \\ 9 & 8 & 5 \end{pmatrix}$，所以 $a_{12} = $

15. 即从 v_1 到 v_2 路长为 3 共有 15 条路径：$e_1e_1e_2$，$e_2e_3e_2$，$e_3e_2e_3$，$e_1e_4e_5$，$\cdots$（请读者自己补齐）

可以证明，对称矩阵的幂矩阵仍为对称矩阵.

王申怀数学教育文选

§6 马尔可夫链

假设某城市的天气预报可由下述有向图来表示，其中 S，R 和 C 分别表示晴天，雨天和阴天. 边旁的数字表示天气变化的概率. 例如，点 C 处的圈表示：今天是阴天第二天仍是阴天的概率为 0.6. 边（C，R）旁的 0.1 表示：今天是阴天第二天是雨天的概率为 0.1，现在提出这样一个问题：今天是阴天，两天以后是什么样的天气？

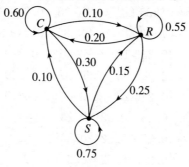

图 15

为了回答这个问题，我们用矩阵 $\boldsymbol{T}=(t_{ij})$ 来表示图 15.

$$\begin{array}{c} \quad\quad C \quad\quad S \quad\quad\quad R \\ \begin{array}{c} C \\ S \\ R \end{array} \left[\begin{array}{ccc} 0.6 & 0.3 & 0.1 \\ 0.1 & 0.75 & 0.15 \\ 0.2 & 0.25 & 0.55 \end{array}\right]=\boldsymbol{T}, \end{array}$$

$\boldsymbol{T}$ 的元素是天气变化的概率，例如 $t_{23}=0.15$ 表示从晴天（S）转为雨天（R）的概率为 0.15.

注意，矩阵 $\boldsymbol{T}$ 中元素都是非负的，且每行元素相加等于 1. 具有这种性质的矩阵称为随机矩阵.

在 §5 中我们讨论了图的邻接矩阵的幂与路长之间的关系. 类似地，两天以后可以理解为路长是 2，因此

$$\boldsymbol{T}^2=\boldsymbol{T}\cdot\boldsymbol{T}=\left[\begin{array}{ccc} 0.41 & 0.43 & 0.16 \\ 0.165 & 0.63 & 0.205 \\ 0.255 & 0.385 & 0.36 \end{array}\right].$$

注意，T^2 中每行元素相加仍为 1，因此它仍是一个随机矩阵，T^2 中第 1 行第 1 列元素为 0.41，这表示今天是阴天，两天后仍是阴天的概率为 0.41，T^2 中第 1 行第 3 列元素为 0.16，这表示今天是阴天，两天后是雨天的概率为 0.16.

同样，T^4 表示四天后天气变化的概率，T^{10} 表示十天后天气变化的概率.

$$T^4 \approx \begin{pmatrix} 0.279\ 85 & 0.508\ 80 & 0.211\ 35 \\ 0.223\ 88 & 0.546\ 78 & 0.229\ 35 \\ 0.259\ 88 & 0.490\ 80 & 0.249\ 37 \end{pmatrix},$$

$$T^{10} \approx \begin{pmatrix} 0.246\ 12 & 0.524\ 58 & 0.229\ 30 \\ 0.245\ 63 & 0.524\ 74 & 0.229\ 62 \\ 0.246\ 28 & 0.524\ 26 & 0.229\ 46 \end{pmatrix}$$

$$\approx \begin{pmatrix} 0.25 & 0.52 & 0.23 \\ 0.25 & 0.52 & 0.23 \\ 0.25 & 0.52 & 0.23 \end{pmatrix}.$$

可以看出，T^{10} 中每列元素相同，这说明不管今天天气状况如何，十天以后阴天的概率约为 0.25，晴天的概率约为 0.52，雨天的概率约为 0.23.

当一种状态只有有限种情况，例如某市天气只有阴，晴，雨三种情况，从一种情况转到另一种情况的概率仅仅依赖于前一种情况，那么这种状态过程就可以称为**马尔可夫链**.

上面我们提到一个随机矩阵 T，它的幂矩阵仍是随机矩阵，这是可以证明的. 下面我们仅对 2×2 矩阵加以验证.

因为随机矩阵每行元素之和为 1，故可以假设

$$T = \begin{pmatrix} x & 1-x \\ y & 1-y \end{pmatrix} \quad (0 \leqslant x \leqslant 1,\ 0 \leqslant y \leqslant 1),$$

$$T^2 = \begin{pmatrix} x & 1-x \\ y & 1-y \end{pmatrix} \begin{pmatrix} x & 1-x \\ y & 1-y \end{pmatrix} = \begin{pmatrix} x^2+y-xy & 1-x^2-y+xy \\ xy+y-y^2 & 1+y^2-y-xy \end{pmatrix}.$$

显然，T^2中每行元素之和仍为 1. 故 T^2 也是随机矩阵.

定理 （幂收敛）设 T 是一个无零元素的 $n \times n$ 随机矩阵，那么 $\lim\limits_{k \to \infty} T^k$ 是一个每列元素都相同的随机矩阵.

例 8 玫瑰花有深红，浅红两种. 开浅红色花结得的种子，再种植后开浅红花的概率为 0.6，开深红花的概率为 0.4；开深红色花结得种子，再种植后开浅红花概率为 0.3，开深红花概率为 0.7，问若干代以后，开深红花和浅红花的比例为多少？

解 上述状态的转换矩阵为

$$
\begin{array}{cc}
 & \text{浅} \quad \text{深} \\
\begin{array}{c} \text{浅} \\ \text{深} \end{array} &
\begin{bmatrix} 0.6 & 0.4 \\ 0.3 & 0.7 \end{bmatrix} = T.
\end{array}
$$

假设若干代后浅红和深红花的比例为 $a : b$，由幂收敛定理，若干代以后情况是稳定的（即每列元素相同）. 因此，再种植一次后成立

$$
\begin{bmatrix} a & b \\ a & b \end{bmatrix}
\begin{bmatrix} 0.6 & 0.4 \\ 0.3 & 0.7 \end{bmatrix}
= \begin{bmatrix} a & b \\ a & b \end{bmatrix},
$$

即

$$
\begin{cases} 0.6a + 0.3b = a, \\ 0.4a + 0.7b = b, \end{cases}
$$

所以

$$(a, b) = \left(\frac{3}{7}, \frac{4}{7} \right) \approx (0.43, 0.57).$$

因此，若干代以后无论怎样的玫瑰花种子，种下后开浅红花的比例为 43%，开深红花的比例为 57%.

检验：$T^{10} \approx \begin{bmatrix} 0.428\ 57 & 0.571\ 43 \\ 0.428\ 57 & 0.571\ 43 \end{bmatrix} \approx (0.43，0.57).$

马尔可夫的理论在物理学、天文学、生物学和经济学等方面都有广泛应用.

§7 欧拉公式

考虑一个多面体，设 V，E 和 F 分别为它的顶点数，

边数及面数，V，E，F 有如下关系：$V-E+F=2$. 这个公式称为欧拉公式，下面我们利用图论的方法来证明这个公式.

我们想象用弹性极好的薄膜作成这个多面体. 先去掉它的一个面，然后把剩下的表面变形，展开摊平到一个平面上，得到一个平面图（或称平面网络）. 当然这个多面体的各面面积及各棱之间夹角等在这个变形过程中都改变了，但是，所得平面图的顶点数和边数与原来多面体的顶点数和边数是相同的. 这个平面图所含的多边形的数目比原来多面体的面数少一个. 即少了去掉的那个面. 如果把平面图所包围区域的外部代替所去掉的那个面，那么多面体的 $V-E+F$ 与这个平面图的 $V-E+F$ 是相同的. 例如五棱锥和长方体可以变形成如图 16 的平面图.

王申怀数学教育文选

图 16

注意，这样变形得到的平面图有以下特点：（1）它是没有两条边相交的简单连通图；（2）图中每个顶点处至少有三条边；（3）每条边必在某一回路内. 因此要证明多面体的欧拉公式，只需对这类平面图证明 $V-E+F=2$ 即可.

定理 设 G 是没有两条边相交的连通图. V，E 和 F 是 G 的顶点数，边数和面数，则在 G 中：

（1）去掉一个指数为 1 的顶点及与它相连接的边；

（2）去掉回路中的一条边.

将不改变 $V-E+F$ 的值.

证明 （1）设顶点 v 的指数为 1，因此与它相连接的边只有一条，设为 e. 如图 17，那么去掉 v 和 e 后，G 中的顶

点数 V 和边数 E 各减少 1，面数 F 不变，所以 $V-E+F$ 值不变．

（2）设 e 是某回路内的一条边，f_1，f_2 是被 e 分离的两个面．去掉 e 后，则面 f_1 和 f_2 变成一个，这样边数 E 和面数 F 均少了 1，而顶点数 V 不变，所以 $V-E+F$ 的值不变．

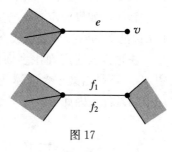

图 17

定理　设 G 是连通图，若 G 没有回路，则 G 必有指数为 1 的顶点．

证明　从 G 中任一顶点出发，向另一顶点移动，因为 G 中没有回路，所以这个移动过程不能回到原出发点，因此这个移动过程不能无限次进行下去，即必有终结的时候，这个终至点的指数必为 1．

定理　（欧拉公式）设 G 是没有相交边的连通图，V，E 和 F 是 G 中的顶点数，边数和面数，则 $V-E+F=2$．

证明　用数学归纳法来证．

设 $S(n)$ 是 n 边形的 $V-E+F$ 的值，设 G 是 0 边的连通图，则它只含有一个顶点，因此

$$S(0)=V-E+F=1-0+1=2.$$

假设对 k 边形成立 $S(k)=2$，今证 $S(k+1)=2$．

设 G 为有 $k+1$ 条边的图．

（1）若 G 有一个回路，那么去掉回路中的一条边，由上述定理知 $V-E+F$ 的值不变，且所得图仍是连通的，且它只有 k 条边，由归纳假设此时 $V-E+F=2$，所以图 G 的 $V-E+F$ 也为 2．

（2）若 G 没有回路，那么它必有指数为 1 的顶点，去掉这个顶点及连接它的边，由上述定理，这样所得图的 $V-$

$E+F$ 的值不变，而这个图只有 k 条边，因此由归纳假设 $V-E+F=2$. 故图 G 的 $V-E+F$ 的值也为 2.

因此，如果假定对 k 条边的图欧拉公式成立，则有 $k+1$ 条边的图的欧拉公式也成立.

注意：上述定理比多面体的欧拉公式要广一些. 下述图 18 并不是由某个多面体变形而来的. 但它也符合上述定理中的条件，因此也成立 $V-E+F=2$.

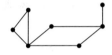

图 18

王申怀数学教育文选

■高师院校几何教改漫谈[＊]

　　我国高师院校数学系几何课程的开设曾几起几落，目前仍存在一种普遍倾向：对几何课程没有给予足够的重视．其原因之一是大家对如何开设一门内容精简，观点新颖，采用现代数学方法，能与现代几何发展接轨的几何课程有不同的看法．同时对教改中某些重大问题未作深入细致的探讨，对一些具体细节未作详些研究，对课程的内容也未达到一致的共识，所以近年来高师院校的几何改革处在一种停顿的状态．下面来谈谈我们对某些问题的粗浅看法．

1. 几何教改应该由现代数学教育思想作指导

　　近年来数学发展突飞猛进，每年发表的论文数以万计，在大学数学课堂中如何能适应这种情况，这并非简单地加入一些新的数学内容，或新的数学思想能够奏效．从历史上看，某一新几何分支的创立，到这些内容进入大学的课堂都经过一段漫长的时间．例如，19世纪初高斯、鲍约、罗巴切夫斯基创立了非欧几何，经过了一个多世纪数学教育工作者的努力，才形成现在课堂中所讲授的非欧几何．一篇数学论文的发表到这篇文章内容能写进教科书，这中间要经过许多人的劳动和再创造，才能达到目的．所以，如果我们把数学家手中或脑中的数学称为"纯数学"，把课堂中的数学称为"教育数学"，这两者之间是有很大的差别的．每年发表数以万计的论文，没有必要，也没有可能全

183

三、几何课程教改探讨

　　＊　本文原载于《上饶师专学报》，1996（3）：67-69．

部进入课堂. 但是，必然有某些论文的内容（或思想）需进入课堂. 这样才能使大学数学教学能常改常新，才能适应现代科技和数学学科本身发展的需要. 因此这就产生了一个问题，哪些内容应该进入课堂？如何进入课堂？如果教学内容只"进"不"出"，那么我们的学制将越来越长，所以伴随着新内容的增加，必然要有一些传统的内容退出课堂，或某些传统内容必须经加工改造以新的面貌出现在课堂中，同时进入课堂的数学必须符合学生学习的规律和教师施教的规律，以便在最少的时间内达到最佳的教学效果. 这些问题都是现代数学教育所研究的课题. 所以我们的教改必须以现代数学教育思想作指导，这样才能取得较好的效果.

2. 几何教改必须与科研相结合

目前数学发展突飞猛进. 知识更新的速度加快，学科不断分化综合，边缘学科，新学科层出不穷，科学研究逐渐走向集团化. 大学的教学不能脱离这些现实，必须密切注意这些动态. 因此，教师必须参加一部分科研. 这些观点已成为共识. 长期工作在教学第一线的教师，在教学过程中积累了丰富的经验，但是由于种种原因，他们对科研的投入相对少了些. 因此为了更全面地作出符合教育规律的改革，就需要科研工作者与教学第一线的教师密切配合起来，共同探讨教改中的问题.

3. 几何教改的现代化问题

吴文俊先生在《数学通报》1995 年第 2 期上发表了一篇题为"数学教育现代化问题"的文章，明确提出"中小学范围里的数学现代化或者说照我的看法，所谓数学机械化的问题"的观点，并指出"要搞所谓的机械化，那当然

要使用计算机了."　"对于几何，对于研究空间形式，你要真正腾飞，不通过数量关系，我想不出有什么好办法."因此吴文俊先生对中学几何现代化问题已经提出了一套明确的观点与办法.那么大学的几何教学现代化问题是否也应该提到日程上来呢？为了培养跨世纪的人才，我们认为大学几何教学现代化问题也是刻不容缓了.

但是这里需要注意的是几何教学的现代化也好，机械化也好不等于说要"代数化".否则就不可避免地会削弱大学中几何课程的教学，这是很不利于对学生的培养的.正如 R. Thom 所说："如果以为无须适当的启发，而只需通过大量的生硬的强记代数结构来取代几何的学习，就能更易学到数学，那无论如何是一个可悲的错误."M. Atiyah 说："在大学和中学的数学课程中所发生的全部变化再没有比几何学说中心地位下降更为突出了……那种过分强调一个方面而偏废另一方面的做法是错误的."Weit 说："假如没有 E. 嘉当、H. 覆普夫、陈省身和另外几个人的几何构想，本世纪的数学是不可能有它的惊人进展的.我相信未来的数学进展还要依靠他们这样的数学工作者."

大师们的这些忠告已经说得非常明确.我们不要把代数和几何分离，更不要把代数和几何对立起来，犯"过分强调一个方面而偏废另一个方面"的错误，讲机械化，定量化当然要用到代数.但这并不是要用代数替代几何.的确几何要腾飞离不开代数.但是代数发展也需要几何，因为数学中两大研究对象"形"与"数"的矛盾统一是数学发展的内在因素.从几何的角度来看，代数和几何结合产生了代数几何；分析和几何结合产生了微分几何.而代数几何，微分几何又转过来为代数与分析提供了几何背景、解释和研究课题，促进它们的发展，并使它们的应用更加广泛和深入.

然而，在过去的数学教学中是存在着偏废的问题的，例如大部分师专数学系不设微分几何课，综合大学不设高等几何课，因此，现在我们来考虑几何教学现代化问题或机械化问题千万不要犯用代数来替代几何的错误．

4. 数学是统一的，几何教改应放在全体数学教改中来考虑

数学是统一的，这种思想历来为数学家所强调．希尔伯特说："数学科学是一个不可分割的有机整体．它的生命力正是在于各个部分之间的联系……数学理论越是向前发展，它的结构就变得越加调和统一，并且这门科学的一向相互隔绝的分支之间也会显露出原来意想不到的关系．因此，随着数学的发展它的有机特征不会丧失，只会更清楚地呈现出来．"

希尔伯特统一数学的观点被 20 世纪数学发展所证实．例如，微分拓扑中的 Atigah-Singer 指标定理可以用概率论的方法来证明；数论中著名的费马最后定理的解决与代数几何中"椭圆曲线"有关．这些现代数学分支微分拓扑，代数几何竟然与传统的数学分支概率论、数论有着密切的联系．这不正是证实了数学是统一的观点吗？既然数学是统一的，那么数学教改也必须通盘来考虑．事实上，目前高师数学课程分得过细所带来的弊端已经显露出来．例如，有关集合论的内容，在数学分析实数理论的章节中已有涉及，在实变函数课程中又讲一遍，在抽象代数、点集拓扑、测度论课程中再来一遍．这些都是课程设置缺乏通盘考虑的结果．因此，我们不能孤立地对几何进行改革，必须从数学教学的全局来考虑具体几何课程的改革．根据这个原则，我们设想可否开设一门"几何学通论"的课程作为基础课，首先把高师院校有关几何课程的内容统一起来．当

然这门课的内容尚需进一步探讨（有些内容甚至可以与其他课程一起考虑. 例如非欧几何可以与复变函数的有关章节联系起来. 详细材料可参阅李忠等著《双曲几何》一书).

5. 学习与兴趣

教育的目的应该不仅为了使学生获得某些知识，更不是为了应付考试，而主要是培养学生能力，特别要教会学生思考，这大概已经成为大家的共识. 从目前状况来看高师院校教学最大的弊病仍是把传授知识放在突出的地位. 因此在教学上形成教师"灌"，学生"收"的被动学习的情况. 由于这种被动的学习，在数学系的学生中有少数学生（特别是差生）甚至讨厌数学. 这种情况的产生，其重要原因之一是教师根本不考虑，也不激发学生对数学学习的兴趣. 好像考入数学系的学生都是对数学有浓厚兴趣的. 这实在是一大误解. 而兴趣对学习是至关重要的. 甚至科学家所以研究问题，兴趣也是重要原因之一. 正如庞加莱（Poincaré）在《科学的价值》一书中所述："科学家研究自然并非因为它有用处，他研究它是因为他喜欢它." 数学家王梓坤也说过："人们追踪一种新事物，往往起源于好奇心，好奇心愈强，钻研劲头愈大，甚至遇到巨大困难也置之度外，一心一意搞个水落石出. 因此好奇心是科学研究的重要条件之一." 其实，学习也是一样，好奇心是学习成功的重要条件之一. 难怪有人说"天才就是入迷"（木村久一语）. 当然这可能有些片面，因此王梓坤教授又说："天才就是入迷、天才就是勤奋（歌德语），天才就是有毅力（薄丰语），如果把三者结合起来就相当切合实际了……勤奋与毅力则大多产生于入迷与好奇心，可见后者实是成功的重要条件." 当然我们也不应该忘记发明家爱迪生的告

诚:"天才的成分中,百分之九十九是汗水."所以是否可以这样说:对于一位数学教师来说,如果他能使班上的学生考试都及格,或能取得较好的成绩,这说明他是一个尽职的、努力的教师. 只有他能使学生,即使是一部分学生对数学感兴趣而入迷,他才可称为一位好的数学教师. 因为也许在这些对数学入迷的学生中可能有未来的大数学家出现. 因此我们高师院校,作为培养教师的摇篮,是否应该朝着培养出这样的"好"教师而努力,在教改中这不也是我们值得深思的一个问题吗?

以上仅是我们一些粗浅的看法,水平有限,缺点错误在所难免,恳请广大读者批评指正.

四、初等数学与数学史杂谈

■存在性证明之必要*

《数学通报》1993 年第 11 期刊登了奚后知的“对求一类无限根式之值的错误辨析及其正确解”一文. 作者指出求$\sqrt{a+\sqrt{a+\sqrt{a+\cdots}}}$之值的错误解法如下：

设 $m=\sqrt{a+\sqrt{a+\sqrt{a+\cdots}}}$ 两边平方得 $m^2=a+\sqrt{a+\sqrt{a+\cdots}}$，因此式右边第二项仍等于 m，故以 m 代入得 $m^2=a+m$ 解之得，$m=\dfrac{1+\sqrt{4a+1}}{2}$.

错误的原因是在数列$\sqrt{a}$，$\sqrt{a+\sqrt{a}}$，…的极限的存在性尚未证明之前就设其值为 m 是没有根据的，然而，这个错误的解法得出的结论又是正确的. 因此人们可能会怀疑这个极限存在性的证明是否有必要？下面我们再给出一个实例，说明上述问题中极限存在性的证明是非常必要的.

试求方程 $x^{x^{x^{\cdots}}}=\dfrac{1}{2}$的解.

设 $h(x)=x^{x^{x^{\cdots}}}$，故方程可写为 $h(x)=\dfrac{1}{2}$. 由于此方程的特殊形式可知 $x^{h(x)}=\dfrac{1}{2}$，故 $x^{\frac{1}{2}}=\dfrac{1}{2}$，所以 $x=\left(\dfrac{1}{2}\right)^2$，即 $x=0.25$.

现在来检验 $x=0.25$ 是否是方程 $h(x)=\dfrac{1}{2}$的解. 这只

* 本文原载于《数学通报》，1994 (3)：23.

需计算 $0.25^{0.25^{\cdots}}$ 的值是否为 $\dfrac{1}{2}$. 为此我们应该把 $0.25^{0.25^{\cdots}}$ 理解为下面数列的极限.

$a_0 = 0.25$，$a_1 = 0.25^{a_0}$，$a_2 = 0.25^{a_1}$，$\cdots$，$a_{n+1} = 0.25^{a_n}$，$\cdots$ 容易算出 $a_1 = 0.25^{0.25} = \sqrt[4]{0.25} \approx 0.707\,1$，$a_2 = \sqrt[4]{a_1} \approx \sqrt[4]{0.707\,1} \approx 0.917\,0$，$a_3 = \sqrt[4]{a_2} \approx 0.978\,5$，$\cdots$ 于是可知 $\lim\limits_{n \to \infty} a_n \neq \dfrac{1}{2}$. 因此 0.25 不是方程 $h(x) = \dfrac{1}{2}$ 的解.

错误在何处？错误恰恰在方程 $h(x) = \dfrac{1}{2}$ 的解的存在性没有得到证明！事实上，方程 $h(x) = \dfrac{1}{2}$ 的解是不存在的. 因此上述解法就失去了依据，而得出了错误的结论. 由此可知，我们在讨论某个数学问题时，其存在性的证明是非常必要的.

王申怀数学教育文选

■ "综合法""代数法"谁优谁劣？ [*]

——对中学几何教改的一点看法

　　《数学通报》1995 年第 2 期刊登了吴文俊先生的"数学教育现代化问题"一文，这对当今我国的数学教育改革有很大的指导意义．文中指出数学教育现代化问题就是数学机械化的问题．并对小学数学中的四则问题及中学数学中的欧氏几何问题提出了精辟的见解，同时指出今后中小学数学教改的具体道路．下面仅对中学数学中有关欧氏几何（包括平面几何和立体几何）的教学改革提出一些粗浅的看法．

　　欧氏几何究竟在中学数学教学中应占什么地位？这已是一个老问题了．在 1958～1960 年"大跃进"的年代里，认为传统的中学数学教材，特别是平面几何教材，内容贫乏，陈腐落后，因此有部分人甚至提出打倒"欧家店"，取消平面几何课程．以函数为纲将代数，几何、三角等内容统一成一门数学课程．1963 年教育部公布的《全日制中学数学教学大纲》中，明确提出要培养学生空间想象能力，逻辑思维能力，于是中学又恢复了平面几何的内容，并成为一门独立的课程．"十年动乱"造成了数学教育的大倒退．欧氏几何内容"理所当然"地从中学数学教材中消失了．1978 年以后，中学数学中又逐渐恢复了一些欧氏几何的内容，可以说在我国中学数学教学中，欧氏几何的内容已经经过了几次反复．国际上也是如此，1959 年法国布尔

191

四、初等数学与数学史杂谈

　　* 本文原载于《数学通报》，1995（7）：23-24．

巴基（Bourbaki）学派中的主要成员狄奥东尼（J. A. Dieudonne）提出"欧几里得滚出去"的口号（见［3］42）. 在美国 20 世纪 60 年代初到 70 年代中期的"新数运动"中，完全废弃了欧氏几何，把平面几何与立体几何合并，用向量的方法和坐标的方法来处理，并出版了相应的教材（中译本见［4］第三章，第六章）. 1973 年美国又提出了"回到基础"（Back to Basics）的口号. 强调培养学生的计算能力及逻辑思维能力. 于是又恢复了一些传统的几何内容，1980 年在美国召开的第 4 届国际数学教育大会上首次提出"问题解决"（Problem Solving）. 后来在 1989 年全美数学教师联合会（NCTM）提出的《学校数学课程评估标准》中认为："问题解决是数学课程的核心，数学内容的学习应该用问题解决的方式来进行"等. 从以上数学教改的历史中足以看出在数学教育中欧氏几何问题的复杂性. 因此，现在应该对欧氏几何在中学数学教育中的地位、作用作一个较为全面的评价，然后再作出正确的改革. 正如吴文俊先生所说："它（指欧氏几何）是有许多值得考虑的地方，值得吸收的地方，不过用什么样的方式，应该吸收哪种东西，排除哪些东西，再吸收另外一些什么东西，这就需要从长计议了."（见［1］4）

王申怀数学教育文选

在中学教材里，平面几何与解析几何最大的区别在于对几何图形研究所采用的方法不同. 可以说平面几何完全是采用"综合法"，而解析几何则完全采用的是"代数法"（或称"坐标法"）. 两者谁优谁劣？还是先回顾一下历史.

几何是研究图形性质的，这就有"定性"和"定量"这两个方面. 仅就"定性"研究方面来说，历来就有所谓"综合法"与"代数法"之争，其争论之激烈达到水火不相容的程度. "在 Descartes（笛卡儿）和 Fermat（费马）引进解析几何学以后的百余年里，代数和分析的方法统治了几何学,几乎排斥了综合方法."(见〔5〕243)可见"代数法"一出现就有强大的生命力,但是正因为历史上有一段排斥综合方法研究几何问题的时期,所以19世纪有些几何学家就产生了一些逆反心理,以 Poncelet(彭赛列)、Steiner(斯坦纳)为代表的几何学家"拒绝使用解析方法,并开始了纯粹几何学的奋斗.""偏爱综合方法以至嫌恶分析学.""理直气壮地怀疑解析证明的正确性,贬之为仅供参考的一些结果."(见〔5〕251,257,245)分析法(代数法)和综合法之间的对抗激烈程度,达到了彼此难以相容,以致某些纯几何学家威胁要停止在"数学杂志"上发表用分析法写的几何文章(有关详细内容可参阅〔5〕第35章).

关于"分析法"和"综合法",Lagrange(拉格朗日)有一段评述,值得我们深思. 60 岁的 Lagrange 说:"虽然分析学也许比旧几何学的(通常被不适当地称为综合的)方法要优越,但是在有一些问题中后者却显得更优越,部分是由于其内容的清晰,部分是由于其解的优美平易,甚至有一些问题,代数的分析有点不够用,似乎只有综合的方法才能制服."(见〔5〕244)可以这样认为,综合法每一步都是几何的,有其直观形象. 分析法(代数法)因为其方法和结果的实质都是代数的,因此它们的几何意义都是隐蔽的,只有到最终结果翻译为几何语言后,才明确原来问题的解决. 因此有人把"综合法"比作"乘公共汽车",把分析法比作"乘地铁". 公共汽车行走时会遇上红绿灯,但能欣赏到沿途的风光,地铁虽然通行无阻,但完全看不到路旁的景致,只有走上地面后才知道已到达目的地.

因此,我认为在数学教学中(特别是在中学)这两种方法是可以互相补充、互相协调的. 是否可以采取一种

四、初等数学与数学史杂谈

"混合"的方法，即一个新概念的引入，一个新定理的证明应该采用什么方法，就完全取决于用哪种方法比较容易理解或比较容易证明，不要把代数法、综合法、坐标法、向量法截然分开．不要过分强调课程体系的完整性与系统性，综合法（或说欧氏几何）在培养学生的几何直觉、形象思维、逻辑推理等诸方面，毕竟有代数法（或说解析几何）所不能代替的作用．事实上，学生如果只掌握代数法也不能真正学好几何，因为他不能正确地、及时地把代数结果翻译成几何语言，正好像"乘地铁"在地下容易乘过站一样．但是综合法毕竟有其局限性，正如吴文俊先生所说："对于几何，对于空间形式，你要真正腾飞，不通过数量关系我想不出有什么好办法."（见［1］3）所以，我认为在中学数学中，平面几何与解析几何这两门课程，对学生的数学思想方法、数学思维（包括逻辑思维与形象思维）的训练和培养等方面的作用并非完全相同．因此用解析几何来代替欧氏几何，或说欧氏几何让位于解析几何在中学数学教育中的利弊得失是否还需要进一步探讨．

王申怀数学教育文选

　　总之，在中学数学教改中对欧氏几何的处理需要慎重．因为"稍微一个做得不对，就要引起很大的后果."（见［1］1）正如曹才翰先生的忠告："教学改革只能是渐变，而不能搞突变，把一切旧的全部推翻重搞一套，这样总要由于考虑不周而引起混乱."（见［2］41）

参考文献

　　［1］吴文俊．数学教育现代化问题．数学通报，1995（2）：0-4.

　　［2］曹才翰．中学数学教学概论．北京：北京师范大学出版社．1990.

　　［3］丁尔陞．中学数学教材教法总论．北京：高等教育出版社．1990.

　　［4］王申怀，译．统一的现代数学（第2册第1分册）．北京：

人民教育出版社. 1978.

　　[5] M. 克莱因. 古今数学思想（第 3 册）. 上海：上海科学技术出版社，1979.

四、初等数学与数学史杂谈

■普拉托问题与道格拉斯[*]

——第一届菲尔兹奖获得者道格拉斯
逝世 30 周年纪念

王申怀数学教育文选

　　1847 年比利时物理学家普拉托（J. Plateau）提出了如下一个问题：给定了一条空间封闭曲线 C，问能否找到一张以 C 为边界的曲面，使其面积达到最小？这个问题现在被称为普拉托问题．1873 年普拉托在《遵从单一分子模型的流体静力学实验与理论》一书中指出，如果人们把具有封闭曲线形状的金属丝浸到甘油溶液或肥皂水中，然后把金属丝取出来，那么必有一张最小曲面的薄膜挂在金属丝上．因此普拉托利用液体表面张力的原理，解决了这个问题．但是，这种解决的办法对一位数学家来说是不能满意的．因此 19 世纪不少数学家企图用数学方法来解决这个问题，但均未成功．普拉托问题之所以有名，就是因为历代大数学家诸如黎曼（Riemann），外尔斯特拉斯（Weierstrass）等人都曾试图去解而没有取得成功．60 多年后，美国数学家道格拉斯（J. Douglas）在 1931 年 1 月却出人意外地发表了一篇题为"普拉托问题的解"（刊登在 Trans, Amer. Math. Society 33（1931），263-321）的论文，他把普拉托问题归结为一种非线性椭圆型偏微分方程的第一边值问题，并在广义解的范围内解决了这个问题．由于这篇论文的发表，道格拉斯获得了 1936 年第一届菲尔兹（Fields）数学

---

　　* 本文原载于《数学通报》，1995（8）：22-23.

奖. 后来在 1970 年奥斯曼 (R. Osserman) 在一篇题为"普拉托问题经典解处处正则的证明"（刊登在 Ann. of Math. 91（1970）：550-569）一文中证明了所得的面积最小的曲面是处处正则的，从而数学家们终于彻底地解决了普拉托问题.

道格拉斯（1897—1965）是 20 世纪美国著名数学家，1897 年 7 月 3 日生于纽约市. 1920 年在哥伦比亚大学获博士学位. 曾在普林斯顿大学、哈佛大学、芝加哥大学、巴黎大学、哥廷根大学做过研究工作. 1930 年至 1936 年受聘于麻省理工学院，后来到普林斯顿高等研究院工作，1942 年后在哥伦比亚大学、纽约市立学院等校任教，1965 年 10 月 7 日去世，道格拉斯在数学上作出了重大贡献，他除了解决了著名的普拉托问题外，在 1941 年解决了二维空间变分问题的逆问题，由此获得了 1943 年美国数学会颁发的博歇 (Bocher) 奖（此奖创立于 1923 年，每五年颁发一次）.

道格拉斯对初等数学也表现出异常的兴趣. 他在 1940 年以题为"复平面上多边形几何"一文中（刊登在 J. of Math. and Physics. 19(1940)：93-130）发表了一个很有趣味的初等几何定理：

设在平面上有一个 n 边形 $P_1P_2\cdots P_n$，以其各边 P_1P_2，P_2P_3，$\cdots$，P_nP_1 为底边向外侧作顶角为 $\dfrac{360°}{n}$ 的等腰 $\triangle P_1P_1'P_2$，$\triangle P_2P_2'P_3$，$\cdots$，$\triangle P_nP_n'P_1$；再以 n 边形 $P_1'P_2'\cdots P_n'$ 的各边 $P_1'P_2'$，$P_2'P_3'$，$\cdots$，$P_n'P_1'$ 为底边向外侧作顶角为 $\dfrac{360°\times 2}{n}$ 的等腰 $\triangle P_1'P_1''P_2'$，$\cdots$，得 n 边形 $P_1''P_2''\cdots P_n''$；这样继续作下去，作了 $(n-2)$ 次后，得到的 n 个顶点必形成一个正 n 边形！这真是一个奇妙的初等几何定理，请看实例.

$n=3$，在任意 $\triangle P_1P_2P_3$ 外侧作顶点为 $\dfrac{360°}{3}=120°$ 的等

腰 $\triangle P_1P_1'P_2$，$\triangle P_2P_2'P_3$，$\triangle P_3P_3'P_1$，则 $\triangle P_1'P_2'P_3'$ 必为正三角形（如图 1）.

$n=4$，在任意四边形 $P_1P_2P_3P_4$ 外侧作顶角为 $\dfrac{360^\circ}{4}=90^\circ$ 的等腰 $\triangle P_1P_1'P_2$，$\triangle P_2P_2'P_3$，$\triangle P_3P_3'P_4$，$\triangle P_4P_4'P_1$；再在 $P_1'P_2'P_3'P_4'$ 外作顶角为 $\dfrac{360^\circ\times2}{4}=180^\circ$ 的等腰 $\triangle P_1'P_1''P_2'$，…；（此时 $P_1'P_1''P_2'$，…已不构成三角形了，P_1'' 应理解为线段 $P_1'P_2'$ 的中点）. 则 $P_1''P_2''P_3''P_4''$ 必成正方形（如图 2，证明可参阅《数学通报》1995 年第 8 期数学问题 965）！

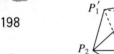

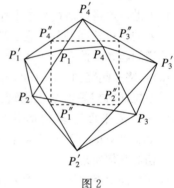

图 1　　　　　　　图 2

$n=5$，任给五边形 $P_1P_2\cdots P_5$，以各边 P_1P_2，…，P_5P_1 为底边向外侧作顶角为 $\dfrac{360^\circ}{5}=72^\circ$ 的等腰 $\triangle P_1P_1'P_2$，…，$\triangle P_5P_5'P_1$ 得五边形 $P_1'P_2'\cdots P_5'$；再以 $\dfrac{360^\circ\times2}{5}=144^\circ$ 为顶角，以各边 $P_1'P_2'$，…，$P_5'P_1'$ 为底边向外作等腰 $\triangle P_1'P_1''P_2'$，…，$\triangle P_5'P_5''P_1'$ 而得五边形 $P_1''P_2''\cdots P_5''$；再来，因为 $\dfrac{360^\circ\times3}{5}=216^\circ>180^\circ$，所以我们以 $P_1''P_2''\cdots P_5''$ 各边 $P_1''P_2''$，…，$P_5''P_1''$ 为底，这回不是向外侧，而是向内侧作顶

角为 $360° - 216° = 144°$ 的等腰 $\triangle P_1'' P_1''' P_2''$, …, $\triangle P_5'' P_5''' P_1''$，则 $P_1''' P_2''' P_3''' P_4''' P_5'''$ 必为正五边形（请读者自己作出图形）！道格拉斯证明了上述结果对 $n = 3, 4, 5, …$ 都成立，因此可以说道格拉斯证明了无穷多个初等几何定理了！

附注：上述道格拉斯所述的定理是著名的拿破仑定理（即 $n = 3$ 时的情形）的推广，详细内容可参阅：

张新民. 拿破仑定理背后的故事. 数学通报，2011，50（2）：1-9.

199

四、初等数学与数学史杂谈

■4 维立方体 *

伍鸿熙教授在"评 I. M. Gelfand 等著三部书" （见
[1]）一文中说："《坐标方法》……它引导读者渐渐地进入
四维空间：首先仔细检验 1，2 和 3 维空间中的单位立方体，
然后借助直观世界中慢慢积累的所有信息外推到 4 维空间，
进行这一过程要十分小心，可谓煞费苦心的……先数各个
直观空间中立方体的顶点数、边数和面数，使得当进入 4 维
空间时，就可毫不费力且完全类似地数看不见的那个立方
体的顶点数、边数和面数，我敢说任何人只要按所给方法
学习，就决不会再害怕高维空间了. 所以我要问：为什么
我们中没有人想到像这样来写东西呢？"

下面我们来详细介绍 Gelfand 如何"煞费苦心"地来数
4 维立方体的顶点数，边数和面数的.

首先我们把平面上的点可以看成有序实数对 (x, y)，
空间中的点可以看成三个有序实数 (x, y, z). 因此完全
有理由把四个有序实数 (x, y, z, u) 称为 4 维空间中的
一个点，类似在 3 维空间中 x 坐标轴是由点 $(x, 0, 0)$ 组
成的，因此在 4 维空间中我们可以认为：

x 轴是由点 $(x, 0, 0, 0)$ 组成的；

y 轴是由点 $(0, y, 0, 0)$ 组成的；

z 轴是由点 $(0, 0, z, 0)$ 组成的；

u 轴是由点 $(0, 0, 0, u)$ 组成的.

---

　* 本文作者王申怀，彭宝阳. 原载于《数学通报》，1997（10）：
41-42.

类似 3 维空间中 xy 坐标面是由点 $(x, y, 0)$ 组成的.
因此在 4 维空间中我们可以认为：

xy 面是由点 $(x, y, 0, 0)$ 组成的；

xz 面是由点 $(x, 0, z, 0)$ 组成的；

xu 面是由点 $(x, 0, 0, u)$ 组成的；

yz 面是由点 $(0, y, z, 0)$ 组成的；

yu 面是由点 $(0, y, 0, u)$ 组成的；

zu 面是由点 $(0, 0, z, u)$ 组成的.

现在可以提出这样一个问题：在 4 维空间中 yz 面与 xz 面的交点组成什么样的图形？（答：是 z 轴）

我们可以画出 4 维空间中坐标轴和坐标面之间的关系图（图 1）.

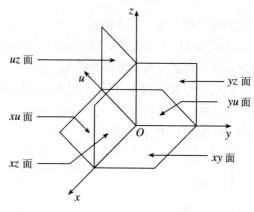

图 1

在 4 维空间中我们把 xy 面，xz 面等称为 2 维坐标面.
在 4 维空间中还可以有四个 3 维坐标面如下：

xyz 面是由点 $(x, y, z, 0)$ 组成的；

xyu 面是由点 $(x, y, 0, u)$ 组成的；

xzu 面是由点 $(x, 0, z, u)$ 组成的；

yzu 面是由点 $(0, y, z, u)$ 组成的.

我们先考察 3 维空间中的单位立方体 $V_3 = \{(x, y, z) \mid 0 \leqslant x \leqslant 1, 0 \leqslant y \leqslant 1, 0 \leqslant z \leqslant 1\}$，如图 2.

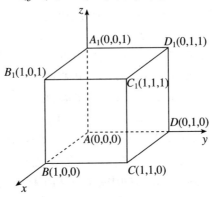

图 2

同样我们可以把 4 维空间中的点集 $V_4 = \{(x, y, z, u) \mid 0 \leqslant x \leqslant 1, 0 \leqslant y \leqslant 1, 0 \leqslant z \leqslant 1, 0 \leqslant u \leqslant 1\}$ 称为一个 4 维单位立方体. 下面讨论 4 维立方体的结构.

首先，我们把单位线段 $V_1 = \{(x) \mid 0 \leqslant x \leqslant 1\}$ 看成 "1 维立方体"；把单位正方形 $V_2 = \{(x, y) \mid 0 \leqslant x \leqslant 1, 0 \leqslant y \leqslant 1\}$ 看成 "2 维立方体"，则我们有：

	顶点	边	面
线段	2		
正方形	4	4	
立方体	8	12	6

现在问 4 维立方体的顶点数，边数和面数（包括 2 维面数和 3 维面数）各为多少？

显然，线段 V_1 的两个顶点的坐标是 $x=0$ 和 $x=1$；正方形 V_2 的四个顶点坐标是 $(0, 0)$，$(0, 1)$，$(1, 0)$ 和 $(1, 1)$；立方体 V_3 的八个顶点坐标是 $(0, 0, 0)$，$(0, 0,$

1)，(0，1，0)，(0，1，1)，(1，0，0)，(1，0，1)，(1，1，0) 和 (1，1，1).

同样 4 维立方体 V_4 的顶点坐标应该是由 x，y，z 和 u 取 0 或 1 得出. 因为当 x，y，z 取 0 或 1 时有八种情形（即 V_3 中的八个顶点），故 u 再取 0 或 1 时便得出 $8 \times 2 = 16$ 种情形，因此 4 维立方体共有 16 个顶点.

现在来看立方体 V_3 的边数. 如图 2，边 AA_1：$x = 0$，$y = 0$，$0 \leqslant z \leqslant 1$；$A_1B_1$：$0 \leqslant x \leqslant 1$，$y = 0$，$z = 1$；$AD$：$x = 0$，$0 \leqslant y \leqslant 1$，$z = 0$. 类似地，我们可以看出 4 维立方体 V_4 的边是除了一个坐标可在 $[0, 1]$ 中任意取值外，其余三个坐标均为常数（0 或 1）的点组成. 例如，点集 $\{(x, y, z, u) | x = 0, y = 0, z = 1, 0 \leqslant u \leqslant 1\}$；$\{(x, y, z, u) | 0 \leqslant x \leqslant 1, y = 1, z = 0, u = 1\}$，……均是 V_4 的边. 所以我们可以把 4 维立方体的边分成四组：第一组 x 可在 $[0, 1]$ 任意取值，即 $0 \leqslant x \leqslant 1$，其余三个坐标 y，z，u 为常数（0 或 1）. 因此，第一组共有 8 条边，可简记为

$(x, 0, 0, 0)$，$(x, 0, 0, 1)$，$(x, 0, 1, 0)$，
$(x, 0, 1, 1)$，$(x, 1, 0, 0)$，$(x, 1, 0, 1)$，
$(x, 1, 1, 0)$，$(x, 1, 1, 1)$.

第二组，y 在 $[0, 1]$ 中可任意取值，其余三个坐标 x，z，u 为常数（0 或 1）. 因此第二组也有 8 条边……由此可知，4 维立方体共有 $4 \times 8 = 32$ 条边.

3 维立方体 V_3 的面是由两个坐标在 $[0, 1]$ 中可任意取值，另一个坐标为常数（0 或 1）的点组成（如图 2 中 ABB_1A_1 面是由点集 $0 \leqslant x \leqslant 1$，$y = 0$，$0 \leqslant z \leqslant 1$ 组成）. 所以 4 维立方体的 2 维面可以看成由两个坐标在 $[0, 1]$ 中任意取值，其余两个坐标为常数（0 或 1）的点集组成. 例如：点集 $x = 0$，$0 \leqslant y \leqslant 1$，$z = 1$，$0 \leqslant u \leqslant 1$ 是 4 维立方体的一个 2 维面. 容易算出 4 维立方体共有 $4 \times 6 = 24$ 个 2 维面.

与 3 维立方体不同的是 4 维立方体还有 3 维面. 它可以看成由三个坐标在 [0，1] 中任意取值，另一坐标为常数（0 或 1）的点集组成. 于是 4 维立方体的 3 维面共有 2×4＝8 个. 因此得到

	顶点	边	2 维面	3 维面
4 维立方体	16	32	24	8

我们利用轴测投影（即平行投影的一种）可以把 3 维立方体画在一张纸（平面）上，如图 2，同样我们也可以把 4 维立方体画在一张纸（平面）上，如图 3. 从图中我们可以清楚地看出 4 维立方体的结构.

4 维空间是研究现代物理学，特别是爱因斯坦相对论的一个重要工具，因为相对论的核心是时—空概念，它必须用 4 维空间来描述，可以说学习相对论是从学习 4 维空间开始的. 因此我们有必要向中学生介绍一些有关 4 维空间的概念.

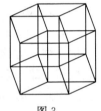

图 3

王申怀数学教育文选

参考文献

［1］伍鸿熙. 评 I. M. Gelfand 等著三部书　兼论美国中学数学教学改革（I），（II）. 数学译林，1996，15（3）：246-249；15（4）：327-333.

［2］I. M. Gelfand. The Method of Coordinates. Boston，1990.

■代数与几何之间的另一座"桥梁"——向量[*]

数形结合是一种重要的数学思想方法，这种思想方法的核心是通过坐标这座"桥梁"把代数与几何沟通起来，这已经为人们所共知．其实代数与几何之间还有一座天然的"桥梁"——向量．

1　向量的运算律本身就是几何定理的代数化

1.1　向量加法运算律的内涵就是平行四边形定理

我们先来回忆一下向量加法交换律与结合律是如何证明的．

设 $\overrightarrow{OA}=a$，$\overrightarrow{OB}=b$（如图1），则

$a+b=\overrightarrow{OA}+\overrightarrow{OB}=\overrightarrow{OA}+\overrightarrow{AC}=\overrightarrow{OC}$，

$b+a=\overrightarrow{OB}+\overrightarrow{OA}=\overrightarrow{OB}+\overrightarrow{BC}=\overrightarrow{OC}$，

所以 $a+b=b+a$，交换律成立．

图1

注意上述证明的关键是 $\overrightarrow{OB}=\overrightarrow{AC}$，$\overrightarrow{OA}=\overrightarrow{BC}$，这就是平行四边形对边相等的定理，因此交换律成立意味着平行四边形定理成立，反之亦然．所以我们运用向量加法交换律就是运用了平行四边形定理，可以说向量加法交换律就是平行四边形定理的代数化（或代数形式）．

---

　　* 本文作者王申怀，兰社云．原载于《数学通报》，2005（5）：57-59.

四、初等数学与数学史杂谈

同样向量加法的结合律成立的原因是运用了两次平行四边形定理. 这里不再详述.

1.2　向量数乘运算律的内涵就是相似三角形定理

数乘满足分配律：

$$k(a+b)=ka+kb. (k\in\mathbf{R})$$

如图 2，设 $a=\overrightarrow{AB}$，$b=\overrightarrow{BC}$，$a+b=\overrightarrow{AC}$，若 $\triangle ABC\backsim\triangle AB'C'$，其相似比为 k，则有

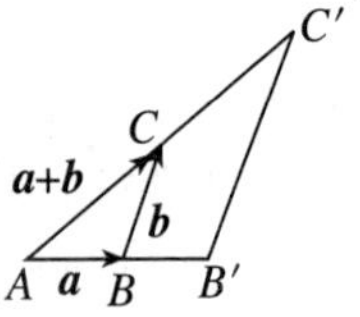

$$\overrightarrow{AB'}=ka，\overrightarrow{B'C'}=kb，$$
$$\overrightarrow{AC'}=k\overrightarrow{AC}=k(a+b).$$

图 2

另一方面，$\overrightarrow{AC'}=\overrightarrow{AB'}+\overrightarrow{B'C'}=ka+kb$，所以 $k(a+b)=ka+kb$，分配律成立.

上述证明的关键是相似三角形对应边成比例定理，因此向量数乘运算分配律成立意味着相似三角形定理成立，反之亦然，所以我们运用向量数乘的分配律就是运用了相似三角形定理，可以说向量数乘的分配律就是相似三角形定理的代数化.

1.3　向量内积运算律的内涵就是余弦定理

向量内积运算满足

交换律：$a\cdot b=b\cdot a$，

分配律：$a\cdot(b+c)=a\cdot b+a\cdot c$.

显然如果上述运算律成立，易知

$$(a-b)^2=(a-b)\cdot(a-b)$$
$$=a\cdot(a-b)-b\cdot(a-b)$$
$$=a^2+b^2-2a\cdot b.$$

上述代数运算的几何意义是什么？如图 3，设 $\triangle ABC$ 的三边长为 a，b，c，记 $\overrightarrow{CA}=b$，$\overrightarrow{CB}=a$，则 $\overrightarrow{AB}=a-b$. 于是上式就化为 $c^2=a^2+b^2-2ab\cos C$（其中 C 是 a 与 b 的夹

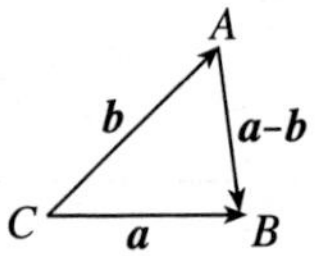

图 3

角），这就是余弦定理. 因为向量内积运算律成立意味着余弦定理成立，反之我们也可以用余弦定理来证明内积的交换律，分配律成立（可参阅 [1]，为了读者方便，本文用附录形式给出证明）. 因此我们运用内积运算律就是运用了余弦定理，也可以说"内积分配律是勾股定理的提升和精简之所得"（见 [1] 142，余弦定理是以勾股定理为基础的）.

2. 通过向量可将几何证明过程转化为代数运算过程

向量运算律本身就内涵着几何定理，因此利用向量进行代数运算，实际上就是利用基本几何定理进行几何推理，下面我们用实例来说明通过向量如何将几何证明转化为代数运算.

例 1 三角形面积公式（Heron 公式）的证明.

设 $\triangle ABC$ 的三边长为 a，b，c，则

$(\triangle ABC \text{ 面积})^2 = p(p-a)(p-b)(p-c)$，其中 $p = \frac{1}{2}(a+b+c)$.

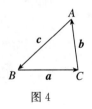

图 4

如图 4，记 $\overrightarrow{BC}=\boldsymbol{a}$，$\overrightarrow{CA}=\boldsymbol{b}$，$\overrightarrow{AB}=\boldsymbol{c}$，可知 $\boldsymbol{a}+\boldsymbol{b}+\boldsymbol{c}=\boldsymbol{0}$，于是有 $(\boldsymbol{a}+\boldsymbol{b})^2=\boldsymbol{c}^2$，利用内积运算律得 $\boldsymbol{a}^2+\boldsymbol{b}^2+2\boldsymbol{a}\cdot\boldsymbol{b}=\boldsymbol{c}^2$，故 $\boldsymbol{a}\cdot\boldsymbol{b}=\frac{1}{2}(\boldsymbol{c}^2-\boldsymbol{a}^2-\boldsymbol{b}^2)$.

另一方面，由内积的定义

$$|\boldsymbol{a}|^2|\boldsymbol{b}|^2-(\boldsymbol{a}\cdot\boldsymbol{b})^2=a^2b^2-(ab\cos C)^2$$
$$=a^2b^2\sin^2 C$$
$$=4(\triangle ABC \text{ 面积})^2.$$

因此

$$4(\triangle ABC \text{ 面积})^2=a^2b^2-\frac{1}{4}(c^2-a^2-b^2)^2.$$

这就是三角形面积的计算公式，余下的问题就是将上式化为 Heron 公式的形式.

$$a^2b^2-\frac{1}{4}(c^2-a^2-b^2)^2$$

$$=\frac{1}{4}[2ab-(c^2-a^2-b^2)][2ab+(c^2-a^2-b^2)]$$

$$=\frac{1}{4}(a+b+c)(a+b-c)(c+a-b)(c-a+b)$$

$$=4p(p-a)(p-b)(p-c).$$

上述证明的关键是将三角形面积用向量来表示，再利用向量的运算律来推导，这就是使几何问题代数化了.

如果例 1 中这个"转化"过程不明显，请看下述一个著名几何题的证明.

例 2 在 $\triangle ABC$ 中，$\angle B$ 与 $\angle C$ 的平分线 BD 与 CE 相等，则 $\triangle ABC$ 是等腰三角形.

首先我们将角平分线（向量）用三角形的边（向量）来表示.

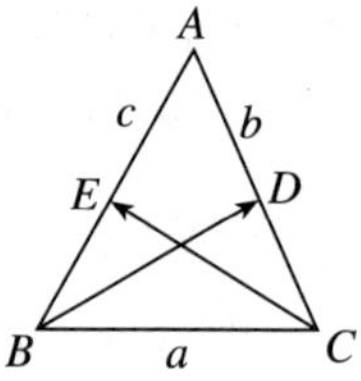

设 $\triangle ABC$ 三边长为 a，b，c，

由内角平分线性质知

$$AD : DC = c : a;$$

由定比分点公式知

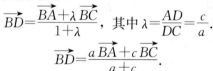

图 5

$$\overrightarrow{BD}=\frac{\overrightarrow{BA}+\lambda\overrightarrow{BC}}{1+\lambda},\ \text{其中}\ \lambda=\frac{AD}{DC}=\frac{c}{a}.$$

故有

$$\overrightarrow{BD}=\frac{a\overrightarrow{BA}+c\overrightarrow{BC}}{a+c}.$$

同理

$$\overrightarrow{CE}=\frac{a\overrightarrow{CA}+b\overrightarrow{CB}}{a+b}.$$

下面就是要从 $BD=CE$ 推出 $AB=AC$ 了，即由 $|\overrightarrow{BD}|^2=|\overrightarrow{CE}|^2$ 推出 $c=b$，这只要进行向量的代数运算就可以了（几何向代数转化了）.

由 $\overrightarrow{BD}^2 = \left(\dfrac{a\overrightarrow{BA}+c\overrightarrow{BC}}{a+c}\right)^2$

$$= \left(\dfrac{a\overrightarrow{CA}+b\overrightarrow{CB}}{a+b}\right)^2 = \overrightarrow{CE}^2,$$

利用向量的运算律可知

$$\dfrac{a^2c^2+c^2a^2+2ac\overrightarrow{BA}\cdot\overrightarrow{BC}}{(a+c)^2}$$

$$= \dfrac{a^2b^2+b^2a^2+2ab\overrightarrow{CA}\cdot\overrightarrow{CB}}{(a+b)^2}.$$

又因为 $2\overrightarrow{BA}\cdot\overrightarrow{BC}=2ac\cos B$，$2\overrightarrow{CA}\cdot\overrightarrow{CB}=2ba\cos C$，故上述化为

$$\dfrac{2a^2c^2(1+\cos B)}{(a+c)^2} = \dfrac{2a^2b^2(1+\cos C)}{(a+b)^2}.$$

因此 $\dfrac{c^2(a+b)^2}{b^2(a+c)^2} = \dfrac{1+\cos C}{1+\cos B} = \dfrac{c[(a+b)^2-c^2]}{b[(a+c)^2-b^2]}$（此处利用了余弦定理），所以 $\dfrac{1}{b} - \dfrac{b}{(a+c)^2} = \dfrac{1}{c} - \dfrac{c}{(a+b)^2}$，

$(c-b)\left[\dfrac{a^2+b^2+c^2+2a(b+c)+bc}{(a+b)^2(a+c)^2} + \dfrac{1}{bc}\right]=0$，于是有 $c=b$.

例 2 是一个著名的几何难题（有的书上称为 Steiner 定理），无论用纯几何方法或用坐标方法均不易证明．利用向量把一个困难的几何问题转化为一个代数计算问题，可见向量的威力了．

附录：

向量的内积定义为 $\boldsymbol{a}\cdot\boldsymbol{b}=|\boldsymbol{a}||\boldsymbol{b}|\cos\theta$（其中 θ 是 $\boldsymbol{a}$ 与 $\boldsymbol{b}$ 的夹角）．由余弦定理可知

$$\boldsymbol{a}\cdot\boldsymbol{b}=\dfrac{1}{2}\big[|\boldsymbol{a}+\boldsymbol{b}|^2-|\boldsymbol{a}|^2-|\boldsymbol{b}|^2\big].$$

因此要证明 $\boldsymbol{a}\cdot(\boldsymbol{b}+\boldsymbol{c})=\boldsymbol{a}\cdot\boldsymbol{b}+\boldsymbol{a}\cdot\boldsymbol{c}$，即分配律成立，只需证

$$|\boldsymbol{a}+\boldsymbol{b}+\boldsymbol{c}|^2-|\boldsymbol{a}+\boldsymbol{b}|^2-|\boldsymbol{b}+\boldsymbol{c}|^2-|\boldsymbol{c}+\boldsymbol{a}|^2+|\boldsymbol{a}|^2+$$

$|b|^2+|c|^2=0.$ （＊）

首先利用勾股定理可以证明

$|u+v|^2+|u-v|^2=2|u|^2+2|v|^2$（这就是平行四边形对角线平方和等于四边平方和的定理）.

令 $u=a+b$，$v=c$，则有

$|a+b+c|^2+|a+b-c|^2-2|a+b|^2-2|c|^2=0$；

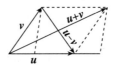

图 6

再令 $u=a$，$v=b-c$，则有

$-|a+b-c|^2-|a-b+c|^2+2|a|^2+2|b-c|^2=0$；

再令 $u=a+c$，$v=b$，则有

$|a-b+c|^2+|a+b+c|^2-2|a+c|^2-2|b|^2=0$；

再令 $u=b$，$v=c$，则有

$-2|b+c|^2-2|b-c|^2+4|b|^2+4|c|^2=0.$

将上述四式相加再乘以 $\dfrac{1}{2}$，即得（＊）式.

参考文献

［1］项武义. 基础几何学. 北京：人民教育出版社，2004.

［2］苏步青，等. 空间解析几何. 上海：上海科学技术出版社，1984.

■从欧几里得《几何原本》 到希尔伯特《几何基础》 *

数学研究的对象是"数"与"形",形的数学就是几何学. 它是以直观为主导,以培养人的空间洞察力与思维为目的. 从数学发展的历史来看,几何学的第一个最重要著作就是欧几里得(Euclid,约公元前330—前275年)的《几何原本》. 它被世界各国翻译成各种文字. 它的印刷量仅次于"圣经",所以不少人称《几何原本》为数学工作者的"圣经". 《几何原本》在数学史乃至人类思想史上有着无比崇高的地位.

《几何原本》(共13卷)最早的中译本是由明朝徐光启(1562—1633) 和意大利传教士利玛窦(Ricci Matteo, 1552—1610) 合译前六卷, 1607年出版;清朝李善兰(1811—1882) 和英国人伟烈亚力(A. Wylie, 1815—1887) 合译后七卷, 1857年刻印. 徐光启和利玛窦是根据当时的拉丁文《几何原本》翻译的,李善兰和伟烈亚力是根据英文本翻译的.

1. 《几何原本》的成就与缺陷

《几何原本》全书共有13卷, 1～6卷涉及平面几何内容, 7～10卷涉及算术(数论), 11～13卷涉及立体几何.

全书是以由定义、公设和公理组成的一个完整的体系,

* 本文原载于《数学通报》, 2010(1): 1-8.

以演绎（三段论）方法作为推理的主要手段，将数学内容展现在世人面前.《几何原本》最初的定义有：

1. 点没有部分；

2. 线有长度没有宽度；

3. 线的界限是点；

4. 直线是同其中各点看齐的线；

5. 面只有长度和宽度；

6. 面的界限是线.

接着欧几里得给出了 5 条公设和 5 条公理.

公设：

1. 从每个点到每个别的点必定可以引直线；

2. 线段（有限直线）都可以无限延长；

3. 以任意点作中心可以用任意半径作圆；

4. 所有直角都相等；

5. 同平面内若一直线与两直线相交，且若同侧所交两内角之和小于两直角，则两直线无限延长后必相交于该侧的一点.

公理：

1. 等于同量的量相等；

2. 等量加等量，总量仍相等；

3. 等量减等量，余量仍相等；

4. 能重合的量相等；

5. 整体大于部分.

我们先来分析一下前面所述的 6 个定义. 这些定义中用了一些未经定义的概念，如"界限""长度""无限延长"等. 因此这些定义不能起到逻辑推理的作用，不能成为一种数学定义，它们只是对几何研究对象的某种形象的描写. 根据逻辑学对定义的要求，涉及所有的名词、术语，在它们使用以前必须要有明确的含义，即已定义了的. 因此，

追溯到最原始的名词、术语，必然有一些无法给出定义的概念（名词或术语），称为"基本概念"．在《几何原本》中没有明确说明哪些名词、术语是基本概念．因此，才产生上述一些逻辑上无法运用的定义．

其次，欧几里得没有说明公设与公理的区别，但它们都是逻辑推理的基础．但作为几何学严格的推理体系，仅有这 5 条公设和 5 条公理是远远不够的．因此在证明某些定理时，欧几里得不得不或明或暗地利用图形的直观来作为推理的依据，而这些图形的直观性质是无法由这些公设和公理来导出的．下面举例说明：

例 1 《几何原本》中第一个命题是："在一定直线上可作等边三角形".

作法 已知线段 AB，做圆$(A，AB)$，再作圆$(B，AB)$，设两圆交于 C，连 AC，BC，就得等边 $\triangle ABC$．

欧几里得凭直观认为这样两个圆必定相交．但从逻辑上讲，根据什么可以下这个断言呢？换言之，我们所作的圆为什么是封闭而没有"漏洞"呢？（事实上，交点 C 的存在必须以圆周具有连续性为依据的，而有关"连续"的概念．当时人们并不清楚，直到 19 世纪数学家提出连续性公理后，人们才对圆周的连续性搞清楚．）

另外，欧几里得并没有提出"介于"（即一点在另两点之间）这个概念．可是书中却运用了这个概念，如 A，B 两点在某直线的"同侧"，三角形"内部"的点等等，而要说清楚"同侧""内部"这些概念必须运用到所谓有关"顺序"的公理（即有关一点在另两点之间的公理）．所以欧几里得在证明中用到这些概念时只能利用图形的直观来说明了．

上述例 1 涉及"连续"的概念，不易明白．下面再举一个与连续无关的例子．

例 2 作三角形的内心与外心.

学过中学平面几何的读者都知道如何作出 $\triangle ABC$ 的内心与外心.

作法 作 $\triangle ABC$ 中 $\angle A$ 与 $\angle B$ 的平分线，它们相交于 O 点，则 O 点就是 $\triangle ABC$ 内切圆的圆心. 容易知道 O 点到三角形三边的距离相等，这个距离就是内切圆的半径.

作 $\triangle ABC$ 中边 AB 与 AC 的中垂线，它们相交于 O 点，则 O 点就是 $\triangle ABC$ 外接圆的圆心. 容易知道 $OA = OB = OC$，因此 OA 就是三角形外接圆的半径.

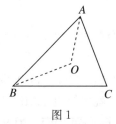
图 1

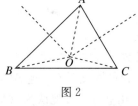
图 2

现在我们来分析一下上述作法. 关键的一个问题是 $\angle A$ 与 $\angle B$ 的平分线为什么一定相交呢？《几何原本》中未加说明，只凭直观它们一定相交. 事实上这是可以证明的，但要用到一条所谓的帕施（Pasch）公理：

设 A，B 和 C 是不在同一直线上三点，设 a 是面 ABC 上的一直线，但不通过 A，B，C 这三点中的任一点，若直线 a 通过线段 AB 内的一点，则它必定也通过线段 AC 或 BC 内的一点.

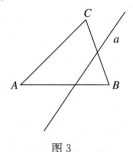
图 3

（希尔伯特把这条公理放在《几何基础》一书中的第二组顺序公理中，利用此公理可以证明许多有关顺序的定理. 其中最著名的就是证明所谓约当定理：平面 α 上的一个简单多边形把

平面 α 上的点分为两个区域：内域与外域．若 A 是内域的一个点，B 是外域的一个点，则连接 A 和 B 的折线，至少与多边形有一个公共点．可参阅 ［1］．）

首先利用帕施公理可以证明 $\angle A$ 的平分线必与 BC 相交．

证明如下：

首先 $\angle A$ 的平分线 AO 必在 $\angle A$ 内部（有关角的内、外部，及线段的内、外部是可以严格加以定义的，这里不再详述）．在线段 AB 的外部取一点 D，连接 CD，则对 $\triangle DBC$ 利用帕施公理便知 $\angle A$ 的平分线（事实上，

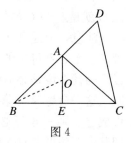

图 4

对 $\angle A$ 内部的任何射线都行）必与 BC 相交于 E 点，对 $\triangle ABE$ 来说再利用上述结果便知 $\angle B$ 平分线与 AE 相交，即 $\angle A$ 平分线与 $\angle B$ 的平分线必相交．

再利用有关三角形的全等定理，容易证明 O 点到三角形三边的距离相等，所以 O 点就是 $\triangle ABC$ 的内心．

注意，这里我们仅是利用顺序（帕施）公理、三角形全等的定理证明了 $\triangle ABC$ 内切圆的存在．但并没有涉及如何运用圆规直尺来作图（用圆规来作角平分线又涉及两圆相交的问题了）．而且这证明没有涉及第五公设即平行公理．

现在，我们再来讨论外心问题：

同样关键的一个问题是 AB 与 AC 的中垂线为什么一定相交呢？《几何原本》中又是凭直观认为它们一定相交．其实这也是可以证明的．

首先，利用外角定理"三角形的外角大于其不相邻的内角"（需要说明，证明外角定理不需要第五公设），可以证明 $\triangle ABC$ 至少有两个锐角．不妨设 $\angle A$ 是锐角，设 DF

是 AB 中垂线，由第五公设知斜线 AC 与垂线 DF 必相交，设交点为 F，再由外角定理知 $\angle F$ 是锐角，因此斜线 DF 与垂线 EO 相交于 O 点. 容易证明 $OA = OB = OC$，因此 O 就是 $\triangle ABC$ 的外心.

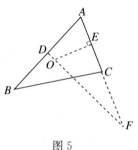

图 5

注意，上述证明过程中我们用到了一个必不可少的依据是第五公设. 为什么说是必不可少的呢？事实上，"三角形必有外接圆"这一命题是与第五公设等价的. 上述证明说明第五公设成立，则三角形必有外接圆. 下面我们来证它的反面，即若"三角形必有外接圆"，可以推出第五公设成立.

首先我们知道"一直线的垂线与斜线必相交"这命题成立可导出欧氏平行公理：直线 a 和不在其上的一点 A，只有一条直线过 A 且与 a 不相交. 而第五公设成立是与欧氏平行公理等价的.

因此我们可以由"三角形必有外接圆"来导出"垂线与斜线必相交"，进而可导出欧氏平行公理（第五公设）. 下面证明斜线与垂线必相交：

设 CA，DB 是 AB 的垂线及斜线，作 B 关于 AC 之对称点 P. 作 P 关于 BD 之对称点 Q，则 B，P，Q 不共线（否则与 BD 为斜线矛盾），构成一个三角形. 由假设 $\triangle BPQ$ 必有一个外接圆. 设其圆心为 O，因为 $OP = OB$，则 O 必在 BP 之中垂线上，同理又在 PQ 之中垂线上，即 CA 与 DB 交于点 O. 由此可知，要证明三角形中两边中垂线相交，第五公设是必不可

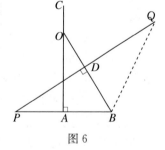

图 6

216

少的.

由上面的分析可知三角形的内心与外心是属于不同的几何范畴. 在任何情况下（第五公设成立或不成立）三角形必有内心, 而外心只有在第五公设成立的情况下才会有. 换言之, 外心只属于欧氏几何范畴, 而内心属于更广的（即欧氏或非欧的）几何范畴. 而这样对几何对象的仔细研究在《几何原本》中是无法做到的, 只有希尔伯特详尽地研究了欧氏几何的全部公理系统才能对几何对象作出如此详细的分辨.

虽然, 严格说来《几何原本》还不是一本完全用公理法来写成的书, 但是对于他所处的时代来说这已经够严格的了. 可以说《几何原本》在数学史上具有划时代的意义. 因为:

首先, 欧几里得成功地并高度技巧地总结了前人积累的优秀成果, 使零散的数学知识编织成一个完整的几何体系——现在我们称它为欧氏几何;

其次, 全书从定义、公设、公理出发建立几何学的逻辑体系成为以后许多数学著作的范本;

第三,《几何原本》两千年来已成为训练逻辑推理的有力的教学手段. 在 20 世纪中叶以前, 世界各国的中学几何教科书大多数都是采用该书的写法.

《几何原本》中的公理化方法不但影响了数学的发展, 而且对整个人类文明带来了深刻的影响, 它孕育了一种理性思维的精神, 显示了理性思维的力量（仅从几条公理出发就能够演绎出几百条甚至几千条定理）. 人们受了这个启发, 把理性思维运用到其他领域. 神学家, 哲学家, 政治家, 所有真理追寻者都企图效仿欧几里得来建立起他们的理论. 例如, 牛顿力学, 爱因斯坦相对论都是从几条基本原则（原理）演绎出来的理论体系.

四、初等数学与数学史杂谈

2. 对第五公设的怀疑

欧几里得第五公设的内容和叙述较其他公设复杂，它好像更应该是一条定理．因此两千多年来许多数学家怀疑第五公设是否应该作为一条公设，且不断地试图对它提出一个仅仅依赖于其他公设、公理来"证明"第五公设，而且有些数学家自认为已经"证明"了第五公设．可是在他们的所谓"证明"中，都自觉或不自觉，或明或暗地引进了一个新的假定，而恰恰这些新假定都是等价于第五公设的．所以本质上（即在演绎推理意义下）他们都没有证明第五公设，只是把第五公设用其他等价的假定来代替罢了．数学家怀疑第五公设并试图证明它的另一个原因是它在《几何原本》中出现得很迟，即在书中第 29 个命题之前根本不需要用到第五公设．

王申怀数学教育文选

17 世纪以后，许多数学家对第五公设的几何内涵各自从正反两面作了深入的研究．首先他们放弃了前人试图用直接证法来"证明"第五公设，而改用反证法．即从第五公设不成立的假定下出发，追究它能否得出与已知的几何事实（定理）相矛盾？如果得不出矛盾，它又产生怎样的几何事实？实际上，这样的思想方法已经开辟了一条通向非欧几何的道路．因为这些从第五公设不成立的这一假定下，也就是说在欧氏平行公理不成立的假定下，推导出来的几何事实，恰恰就是非欧几何学（即第五公设不成立的几何）中的定理．

例如，瑞士数学家兰伯特（Lambert，1728—1777）认识到假定第五公设不成立，三角形"内角和"就小于 $180°$．Lambert 把 $180°$ 与"内角和"之差称为三角形的"角亏"，他证明了三角形的面积与角亏成正比例．即

$$\triangle ABC \text{ 面积} = k^2[\pi - (\angle A + \angle B + \angle C)].$$

其中 k 为某一常数（证明见 [3]）．因为三角形的面积是一

个正数，所以 $\pi>\angle A+\angle B+\angle C$，因此"三角形的内角和小于 $180°$"就是非欧几何中的定理.

再如，法国数学家勒让德（Legendre，1752—1833）证明了假定存在大小不同（可理解为不全等）的相似三角形，则可以证明第五公设. 换言之，在第五公设不成立的假定下不存在真正的相似三角形（即若两三角形相似，则必全等. 换言之，就是三角形全等的（a. a. a）定理了. 即若两个三角形对应角相等，则全等（证明见［3］）). 因此这又成为非欧几何中的一条定理了.

所以，对第五公设成立的怀疑就导向了非欧几何的产生.

3. 非欧几何的诞生

大体说来，到了 19 世纪德国数学家高斯（Gauss，1777—1855）从对第五公设试证的一再失败中，承认了第五公设是不可能证明的. 即它与其他公设（公理）是相互独立的，互不依赖的. 而且高斯已经逐渐预感到一种新的几何体系存在的可能性. 他最初称为反欧几何（anti-Euclidean geometry，后来称为非欧几何). 由于高斯的性格是不管做什么工作都要达到完美，又要求他的证明达到最大限度的简明而严密. 因此，他没有发表过关于非欧几何的著作. 他在 1829 年 1 月 27 日给 Bessel 的信上说他永远不愿发表这方面的研究成果. 因为怕受人耻笑（见《古今数学思想》第 3 册第 287 页). 高斯关于非欧几何的信件与笔记在他生前一直没有公开发表，只是在 1855 年他去世之后出版时，才引起人们的注意.

在 19 世纪初期俄国数学家罗巴切夫斯基（Lobachevsky 1792—1856）和匈牙利数学家鲍约（J. Bolyai）都在对这个困惑几何学界上千年的第五公设进行研讨. 他们都在 1829

年前后各自独立地从试证第五公设失败的经验中，感觉到另一种不同于欧氏几何存在的可能性．这种新的几何体系现在称为非欧几何．他们锲而不舍和勇于创新的治学精神与仔细深刻的研究工作，终于突破了欧氏几何体系两千年来在人类关于空间概念上的垄断性，为人类的理性文明开创了新时代．

罗巴切夫斯基在 1826 年 2 月于喀山大学数理系的一次会议上宣读了题为"关于几何原理的议论"的报告，第一次提出了他关于非欧几何的研究，并在 1829 年把他关于非欧几何研究工作以题为"论几何学基础"的论文正式发表在喀山大学的杂志上．以后他于 1829～1830 年发表了多篇有关对第五公设的研讨和他对新创立的几何体系的探究．

J. Bolyai 在 19 世纪 20 年代写了一篇只有 26 页题为"绝对空间的科学"的论文．该论文以附录的形式附于其父亲的书《为好学青年的数学原理论著》的书后．虽然该书出版于 1832～1833 年间，也就是说，在罗巴切夫斯基论文发表以后．但 J. Bolyai 似乎在 1823 年已经建立起非欧几何的思想．他在 1823 年 11 月 23 日给父亲的信中写道"我已得到如此奇异的发现，使我自己也为之惊讶不止."高斯在读了 J. Bolyai 的文章后写信给他的朋友说，他不能称赞那篇文章，因为如此做将是称赞他自己的工作（见 [1]．

可以这样说，高斯是真正预见到非欧几何的第一人，但是他从未公开发表自己对非欧几何的研究．预见到非欧几何的第二人是 J. Bolyai，但他的主要精力是放在对"绝对几何"的研究上（绝对几何的公理体系就是在欧氏几何中将平行公理删去）．J. Bolyai 所建立起一系列的定理，显然对于欧氏几何和非欧几何同样成立．因为他不需要平行公理，故成为"绝对几何"．

虽然高斯和 J. Bolyai 是最先预见到非欧几何的人，但

王申怀数学教育文选

是罗巴切夫斯基是对非欧几何作有系统研究的第一人. 特别是他注意到新创立的几何体系中的关键性要点是要建立非欧三角学, 即在非欧几何中三角形的边角关系. 罗巴切夫斯基证明了在非欧平行公理（即对于直线 a 和不在其上的任何点 A 有两条直线过 A 点且与直线 a 不相交.）成立的条件下, 三角形的边角关系为:

设 $\triangle ABC$ 的三边长为 a, b, c, 则成立

$$\frac{\sin A}{\operatorname{sh} a} = \frac{\sin B}{\operatorname{sh} b} = \frac{\sin C}{\operatorname{sh} c},$$

$$\operatorname{ch} c = \operatorname{ch} a \cdot \operatorname{ch} b - \operatorname{sh} a \cdot \operatorname{sh} b \cdot \cos C,$$

其中 $\operatorname{sh} a$ 是双曲正弦, $\operatorname{ch} c$ 是双曲余弦. 上述两个结论称为罗氏正弦定理与余弦定理. 因此非欧（罗氏）几何又有人称为双曲几何（证明见 [3]）. 这样对非欧几何的研究可以从定性层面进入到定量层面, 这样可以更深刻而精确地揭示出非欧几何的内涵. 例如, 由罗氏正弦、余弦定理可以导出罗氏函数, 简介如下:

首先我们在罗氏几何中定义"平行"的概念.

设射线 $\overrightarrow{BA}$ 与 $\overrightarrow{CD}$ 在直线 BC 同侧且不相交, 而在 $\angle CBA$ 内部任意射线必与 $\overrightarrow{CD}$ 相交, 则称射线 $\overrightarrow{BA}$ 平行于 $\overrightarrow{CD}$, 记作 $\overrightarrow{BA} /\!/ \overrightarrow{CD}$. 这里需注意罗氏几何中平行是有方向的, 即 $\overrightarrow{BA} /\!/ \overrightarrow{CD}$, 但射线 AB 并不平行于 $\overrightarrow{DC}$. 另外, $\overrightarrow{BA} /\!/ \overrightarrow{CD}$ 说明直线 BA 是过 B 点的所有直线中与 CD 相交与不相交的分界线.

当 $BC \perp CD$ 时, 称线段 BC 为 $\angle CBA$ 的平行距, 称 $\angle CBA$ 为 BC 的平行角. 如果 $\overrightarrow{BA} /\!/ \overrightarrow{CD}$ 且 $BC \perp CD$, 我们作关于 BC 的一个轴对称图形得 $\overrightarrow{BA'} /\!/ \overrightarrow{CD'}$, 而 D', C, D 是共线的. 再由罗氏平行公理可知平

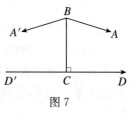

图 7

行角∠CBA 必为锐角. 记∠CBA＝α，平行距 BC 的长度为 x，利用罗氏正弦、余弦定理，罗巴切夫斯基证明了平行距 x 与平行角 α 有如下函数关系（记 α＝π(x)）：

$$\alpha＝\pi(x)＝2\arctan e^{-x},$$

这个函数称为罗氏函数. 它深刻而精确地描出罗氏几何的特征（见［3］）.

非欧几何产生的影响是巨大的，它不但影响了数学的发展，而且对哲学思想，真理的绝对性产生了巨大的冲击. 非欧几何在思想史上具有无可比拟的重要性. 它冲破了现实空间（或说欧氏几何）对人们思想的束缚，使人们在逻辑思维发展过程中上了一个新台阶，为数学提供了一个不受实用性左右（数学不一定产生于实际或实践经验，可以是纯理性的产物），可以自由发展的一条道路，提供了一个理性的智慧摒弃经验的范例.

非欧几何产生的影响是巨大的，可以与哥白尼日心说、牛顿力学、达尔文进化论媲美. 特别是它在哲学方面，人类思想史方面影响更为重要（见［5］）.

数学家克莱因说："19 世纪……人类创造（新）最深刻的一个是非欧几何学……它最重要的影响是迫使数学家从根本上改变了对数学性质的理解……并引出关于数学基础的许多问题，这些问题 20 世纪仍在进行着争论."

非欧几何产生之前，人们（不同程度）坚信存在绝对真理，数学就是一个典范，但是现在希望破灭了，欧氏几何统治（数学）的终结就是绝对真理的终结.

非欧几何使数学丧失了（绝对）真理性，却使数学获得了自由. 数学家可以探索任何可能的问题，任何可能的公理体系，只要其研究具有一定的（理论性）意义（见［5］）.

王申怀数学教育文选

4. 希尔伯特的《几何基础》

《几何原本》的主要缺点一是书中所给出的定义用了一些未加定义的概念，二是从逻辑推理要求来说公理显然不够。这些缺点很早就被数学家们注意到了。从古希腊时代开始就有数学家做了改良欧几里得公理体系的尝试。例如阿基米德提出了一个公理："对于小线段 a 和大线段 b，必存在正整数 m，使 $ma > b$。"设想，以这个公理为依据来解决直线的连续性，从而解决《几何原本》第一个命题作等边三角形过程中圆周上是没有"漏洞"的问题。但是一直到 18 世纪为止许多重要的几何概念，如顺序（即一点在另两点之间的概念）、合同（或说全等）、连续等概念人们还没有正确地建立起来，因此对有关这些概念的命题就没有得到充分的逻辑加工。随着人们对几何学的深入研究，特别是由于非欧几何的产生，促进了数学家对顺序、合同、连续等有关几何基础问题的研究。在总结了前人工作的基础上，德国数学家希尔伯特（D. Hilbert，1862—1943）在 1899 年发表了他的名著《几何基础》一书，提出了一套完整而简洁的公理系统，根据这套系统不需要借助其他任何知识和直观可以导出全部欧氏几何的内容。希尔伯特的《几何基础》一书被公认为几何学中的经典著作，它标志着现代公理法的产生。

《几何基础》于 1899 年出版以后，就有各种翻译本出现，且以后多次修订出版，甚至在希尔伯特 1943 年去世以后，他的学生对第 7 版进行了增补、修订。到 1977 年已出版到第 12 版。

《几何基础》最早的中译本是由傅种孙教授根据第 1 版英译本进行翻译的，取名为《几何原理》，于 1924 年出版。1958 年江泽涵教授根据 1930 年第 7 版俄译本将正文部分翻译并出版，取名为《几何基础》第 1 分册。后来江泽涵教授约请朱鼎勋教授根据德文第 12 版对《几何基础》中译本进行增补、修订，于 1987 年以《几何基础》（第 2 版）上册的书名出版.

下面简单介绍一下希尔伯特公理系统.

众所周知，研究几何首先要对研究对象起一个名词（或术语），即下定义. 但根据逻辑的要求最原始的一个或几个名词是无法加以定义的，这些不加定义的几何对象称作基本对象. 经过深思熟虑后，希尔伯特把"点""直线""平面"作为基本对象不加定义，并把"点在直线上""点在平面上""一点在另两点之间""线段合同（相等）""角合角（相等）"作为不加定义的基本对象之间的关系，称为基本关系，对它们也不加以说明或解释. 三个基本对象和五个基本关系统称为基本概念，除了这八个基本概念以外的任何几何对象、名词、术语、关系等等都必须加以严格定义. 而这些基本概念受下面五组（共 20 条）基本事实（即公理）制约. 其中每一组表达了直观而简单的某种相互关系的基本事实，而这些基本事实是明显的，也是必要的，也不可能加以说明或证明的. 而其他的几何对象之间的关系、性质、命题等等都必须用这些基本事实加以证明. 所以我们把这些基本事实称为公理.

Ⅰ 结合公理（或称为关联公理）共有 8 条.

Ⅰ₁ 对于两个不同点，恒有一直线结合（即通过）其中每个点；

这里直线 a 和点 A "结合"是指"点 A 在直线 a 上". 因此"结合"是一个基本关系.

Ⅰ₂ 对于两个不同点，至多有一个直线结合其中的每个点；

Ⅰ₃ 一直线上至少有两点，至少有三点不在一直线上；

以下 Ⅰ₄—Ⅰ₈ 不再详述（可参阅 [2]）.

Ⅱ顺序公理，共有 4 条.

Ⅱ₁ 若点 B 在点 A 和点 C 之间，则 A，B，C 是一直线上三个不同点，这时，B 也在 C 和 A 之间；

Ⅱ₂ 对于任意两点 A 和 B，直线 AB 上至少有一个点 C，使 B 在 A 和 C 之间；

Ⅱ₃ 一直线上三点，至多有一点在其余两点之间；

Ⅱ₄ 帕施（Pasch）公理.

我们知道，最简单的几何图形是线段和角（注意，线段和角不是基本对象，希尔伯特对它们是下了定义的），要研究它们之间的相互关系，我们可以用相等或合同这个词来表达. 希尔伯特对这个名词不作定义，即把"合同"（线段和角）作为基本关系，它们受下面公理制约：

Ⅲ合同公理，共有 5 条.

Ⅲ₁ 设 A，B 是直线 a 上两点，A' 是另一直线 a' 上的一点，则在 a' 上 A' 的已知一侧恒有一点 B'，使线段 AB 合同于 $A'B'$，记 $AB=A'B'$.

Ⅲ₂ 若两线段都合同于第三线段，则这两线段也合同.

以下 Ⅲ₃，Ⅲ₄ 不再详述（可参阅 [2]）.

Ⅲ₅ 若两个三角形 ABC 和 $A'B'C'$ 有下列合同式

$$AB \equiv A'B', \quad AC \equiv A'C', \quad \angle BAC \equiv \angle B'A'C',$$

则也有合同式

$$\angle ABC \equiv \angle A'B'C', \quad \angle ACB \equiv \angle A'C'B'.$$

Ⅲ₅ 事实上是有关三角形全等的命题（SAS），希尔伯特把它作为一条公理，而其他有关三角形全等的命题，例如（SSS），（ASA）都利用合同公理来加以严格证明而成为定理了（见 [2]）.

前面我们说过，欧几里得在《几何原本》中把"所有直角都相等"作为一条公理（即第 4 公设），而希尔伯特认为是不正确的. 因为首先这个事实不如上述合同公理明显，其次希尔伯特利用上述合同公理证明了这个事实，即把"所有直角都相等"作为一条定理了（证明见［2］）.

希尔伯特利用合同公理证明一个重要的事实，称为外角定理："在三角形中一个外角大于其任一不相邻内角."需要注意的是这个外角定理与中学平面几何中的叙述"三角形的外角等于不相邻的内角之和"不同. 而希尔伯特的证明完全不需要用到欧氏平行公理，因此这个定理无论在欧氏或非欧几何中都是成立的.

Ⅳ平行公理. 这组公理只有1条，即

对任何直线 a 和不在其上任何点 A，至多有一条直线过 A 且与 a 共面不交.

有了欧氏平行公理，我们就可以定义平行线（定义与中学课本相同），同时使几何的基础就完整了，并由此容易得到中学所熟知的一个重要定理：三角形的三个内角之和等于两直角.

Ⅴ连续公理

Ⅴ₁（阿基米德公理）：若 AB 和 CD 是任意两线段，则必存在一个数 n 使得沿 A 到 B 的射线上，自 A 作首尾相接的 n 个线段 CD，必将越过 B 点.

Ⅴ₂（直线完备公理）（见［2］）.

希尔伯特在《几何基础》一书所叙述的 Ⅴ₂（直线完备公理）很难理解，后来有不少数学工作者把它用下列康托公理来代替它：

Ⅴ₂（康托公理）若一直线上有线段的无穷序列 A_1B_1，A_2B_2，…，其中每个线段都在前一个线段的内部，且对于任何线段 PQ，恒有 n 使 $A_nB_n < PQ$，则必有一点 X，落在所有线段 A_iB_i（$i=1$，2，…）的内部.

有了连续公理后我们就可以证明下述两个命题：

（1）直线交圆命题：过圆内部一点的直线必与圆相交

于两点.

（2）圆交圆命题：一圆若通过另一圆内部一点和外部一点，则两圆必恰有两个交点（证明见［4］）.

有了这两个命题后，《几何原本》中有关用尺规作图的问题（如前面所述例1）就有了依据.

有了连续公理后我们就可以定义线段的长度了，从而可以在直线上的点与实数之间建立 1—1 对应，从此就可建立数轴、笛卡儿坐标等. 无疑这些结论都是建立解析几何的基础.

希尔伯特如此自然的划分公理，使欧氏几何的逻辑结构变得非常清楚，即利用哪组公理可以导出什么样的结论. 当然，对于不同的几何，如欧氏几何与罗氏几何其公理体系显然是不同的. 但是由于希尔伯特如此自然的划分公理，我们就可以由一种几何公理体系中变更其中一条或数条公理而得到另一种几何公理体系. 例如，我们把上述希尔伯特 5 组公理中的欧氏平行公理改成相反的公理，即："存在这样的直线 a 和不在其上的点 A，过 A 至少有两条直线与 a 共面不交."（这条公理称为罗氏平行公理）那么我们就得到了罗氏几何，因此罗氏几何就不需要再另外建立公理体系了. 这正是希尔伯特公理体系的美妙之处，也显示出公理化方法的巨大威力.

希尔伯特《几何基础》提出了数学的真理性等价于系统的相容性（无矛盾性），即在某个公理体系下，推不出任何互相矛盾的命题. 这是对数学系统（或数学理论）的唯一要求. 希尔伯特从研究几何基础开始提出了他的"形式主义"数学哲学观，即数学是关于形式系统的科学.

数学可以各自建立自己的逻辑，只要有各自的概念、公理和推导法则. 这就是数学的任务. 形式主义为数学家提供了创造任意数学结构的自由，使数学从研究"实在"

束缚下解放出来（自由创造）.

参考文献

［1］M. 克莱因. 张理京，等译. 古今数学思想. 上海：上海科学技术出版社，1979.

［2］希尔伯特. 江泽涵，朱鼎勋，译. 几何基础（第2版）. 北京：科学出版社，1987.

［3］项武义，王申怀，潘养廉. 古典几何学. 上海：复旦大学出版社，1986.

［4］傅章秀. 几何基础. 北京：北京师范大学出版社，1984.

［5］张顺燕. 数学的美与理. 北京：北京大学出版社，2004.

［6］项武义. 基础几何学. 北京：人民教育出版社，2004.

王申怀数学教育文选

■数学学习方法浅议[*]

　　张志森先生在数学教育的岗位上耕耘数十年，他将自己一生对数学学习与数学教学的心得进行梳理与思考，写成了《数学学习与数学思想方法》一书，这是一件十分有意义的工作，也是一件值得庆贺的事情.

　　学校的根本任务是培养人才. 数学是人才的基本素质之一，因此学好数学是广大教师和学生非常关注的事情. 做任何事都要讲究方法，方法对头事半功倍，那么学好数学的基本方法是什么呢？

一、循序渐进，打好基础

　　数学家苏步青说过："我觉得在学习上没有捷径可走，也无秘诀可言，要说有那就是刻苦钻研，扎扎实实打好基础，练好基本功."对学习者来说，打好基础是根本，高楼大厦平地起，根深才能叶茂. 打好基础需要循序渐进，这是学习数学的一个特点，正如数学家王梓坤所说："不论是学习（数学）或研究（数学）都必须循序渐进，每前进一步都必须立脚稳固，这是数学方法中的一个显著特点，其他科学也要循序渐进，不过数学尤为如此. 前头没有弄懂，切勿前进，有如登塔，只有一步一上，才能达到光辉顶点."可见数学家们成功的原因之一，是他们在学习研究过程中是按打好基础、循序渐进的方法进行的.

　　* 本文摘自张志森著《数学学习与数学思想方法》，郑州：郑州大学出版社，2006，1-6. 是王申怀为该书所作的序.

另一方面，从数学的特点来看，学习数学也必须循序渐进．因为数学的知识结构具有系统性、连贯性、严谨性，数学是理性思维的产物，理性思维必定是事事清楚、步步有据，所以学习数学必须一步一个脚印，循序渐进．那么循序渐进会不会影响学习进度呢？我们认为只要目标明确、方法对头，循序渐进不是慢，而是快．数学家王元说过："学习最怕吃夹生饭．如果前面一些东西学得糊里糊涂，再继续往前学，则一定越学越糊涂……所以不要怕慢，常常起步慢一些，只要学得踏实，后来就会快起来．"

怎样才能打好基础？

1. 在"理解"上下功夫

理解就是用自己的经验与思维去处理新事物，接受新知识，解决新问题，由此来不断完善与构建自己的认知结构．简言之，理解就是人们常常所说的"懂"，就是一种"消化"知识的过程．死记硬背不是理解，那么学习数学怎样才算理解了呢？能够灵活运用数学知识就是理解的一个标志，做习题是检验是否理解的方法之一．例如，你学过"勾股定理"后，如果能用"勾股定理"去解决有关的习题，说明你对"勾股定理"有所理解．理解有一个过程，逐步深入的过程．你用"勾股定理"去做对一道或几道习题，只能说明你对定理有所理解，真正"吃透""掌握"，还需要通过以后的学习来逐步加深．

2. 在"熟练"上下功夫

数学家陈景润说过："读书不能满足于懂，而要弄得烂熟．"只有把知识"弄得烂熟"，你才能有新的体会与发现；只有"熟读唐诗三百首"，你才能对唐诗有所体会，甚至达到"不会写诗也会吟"．可见学习过程中，"熟"是多么重要．但"熟"不是死记硬背，是在理解的基础上，把知识牢牢地装在自己的头脑中，做到在需要时能呼之欲出，信手拈来. 为了达到"熟"，必须反复思考，多问几个"为什么". 多做习题当然也是达到"熟"的方法之一，但需注意，做习题要有明确的目的，要有针对性，要有选择. 偏题、怪题只不过是玩弄一些特殊的技巧而已，无助于加深对数学基本概念和内容的理解，这种无目的地做"题海"的方法不可取.

二、独立思考，勇于探索

学习的过程在某种意义上就是人们认识事物的过程. 认识事物有一个从感性到理性的"飞跃"过程，这个"飞跃"是不会自然产生的，也不可能由他人来替代完成. 这个过程只能靠自身努力、独立思考来完成. 学生的学习不是"海绵吸水"，不是教师讲什么，学生就能吸收什么，只有靠刻苦钻研、独立思考才能"吸收"知识. 数学家华罗庚说过："在我们一生里需要充分发挥独立思考能力……独立思考是取得正确认识的必需方法，也是唯一方法." 爱因斯坦也说过："人们解决世界上所有的问题是用大脑和智慧，而不是搬书本." 这些科学家的至理名言说明科研需要独立思考，同样，学习也需要独立思考.

怎样进行独立思考？

1. 不要轻易问人

陈景润说过："不要一遇到不会的东西就去问别人，自己不动脑子……要自己先认真地思考一下，这样就可能依靠自己的努力克服其中某些困难，对经过很大努力仍不能解决的问题，再虚心请教别人，这样才能得到更大的帮助和锻炼."

问别人解决问题或得到问题解答，与自己独立思考后解决问题的效果和影响是不一样的，问别人只能得到表面的、肤浅的认识，独立思考后所得的是深层次的、永恒的

认识，因此我们在学习中遇到问题不要轻易问人．首先要靠自己思考，千万不要"吝啬"思考，脑子是越用越灵活的．如果一个问题原本自己可以解决而去问别人，这就失去了一次极好的独立思考的机会了．

问问题也有一个方法问题．请别人在关键的地方点拨一下，然后自己再思考，这样可能会费力一些，但收获也会更大．所以向人请教不要把问题"问透".

2. 善于提出问题，敢于提出问题

思维是从问题开始的，头脑中没有问题，就不会去进行思考，所以我们应该经常给自己提出一些问题，这是在学习过程中必须经历的一个十分重要的阶段．南宋朱熹说过："读书无疑者需有疑……小疑则小进，大疑则大进，疑者悟之始也."从疑到悟（悟就是理解，明白）就是发现问题、提出问题和解决问题的过程，多疑必然会多思；多思就可以达到多悟．正如爱因斯坦所言："提出一个问题往往比解决一个问题更重要."

不懂、不明白不是缺点（充其量是一个弱点），问问题，就是要暴露自己的"不懂"，这需要一点勇气，我们要敢于暴露自己不懂的地方，不要怕受到"连这个也不懂"的责备（作为教师千万不要用这种口气来责备学生），责备后不是就懂了吗？不想受责备，不懂装懂就一辈子不懂，就应当受到更大的责备．科学是实事求是的学问，一定要彻底弄懂，不能有半点虚伪，为了彻底地弄懂，我们要不断地问"为什么"．清人郑板桥说过："读书好问，一问不得，不妨再三问，问一人不得，不妨问数十人，要使疑窦释然，精理进露."我们要敢于提出问题，不论提出怎样简单，甚至是幼稚的问题，都不表明你的愚蠢，相反，唯一愚蠢的问题是你不提问题！

三、不迷信书本，自觉争取帮助

王梓坤教授说过："书，无非是作者一次系统的、有充分准备的长篇发言，其中所讲对的居多，错误也有，读书时反复思考，可以起到消化、吸收、运用和发现问题，跟踪追迹的作用."这就是说，为了追求对问题的彻底理解，可以与"书本"讨论，在与书本的讨论交流中能激发思维，发现新问题，并能彻底明白.这里重要的是"反复思考"，而不是迷信书本.

学习首先要靠自己的努力，所以必须自力更生，必须学会自学，但这不等于不需要帮助，自己努力与争取帮助并不矛盾，不要轻易问人，不等于不要问别人，我们要争取别人（包括老师、同学）的帮助，有帮助与无帮助对学习者来说，学习的效果是不一样的.一位优秀的导师正如航船的领航者，他可以告诉你哪里有礁石，哪里是航道，能让你的思维不会"触礁""沉没"；一位优秀的导师有丰富的成功和失败的经验，这些宝贵的经验可以成为你学习的借鉴与指针，使你在学习的道路上少走弯路.所以独立思考与争取帮助不矛盾，独立思考是成功的基础、根本，是内因；争取帮助是成功的条件、外援，是外因.要相信自己能够学好，有帮助可以少走弯路，没有帮助就准备披荆斩棘地前进吧！

四、初等数学与数学史杂谈

■听钟先生讲《学记》
——悼念钟善基教授 *

从高考命题入帷处回来之后，接李仲来教授的电话，告曰：钟善基先生去世了! 这使我十分震惊. 前几个月在庆祝傅种孙、钟善基、丁尔陞、曹才翰四位教授的《数学教育文选》首发式的宴会上还和我们同桌畅饮，谈笑风生. 今天钟先生怎么会突然去世呢? 然而，这又是确凿的事实，不禁使我回忆起跟随钟先生学习教学论的情景.

20 世纪 90 年代初，因为工作需要我从几何教研室调至数学教育教研室. 当时我心中无底，不知如何开展有关数学教育方面的学习与研究. 钟先生对我说：不必着急，你可以先来听听我为研究生开设的"教学论"讨论班. 于是我就在讨论班上听了钟先生三年的教诲，使我受益匪浅、终身难忘.

钟先生主持讨论班很有特色. "教学论"学习首先从读《学记》开始. 钟先生认为《学记》是世界上最早、最完整的一部教学论著作，所以要我们一字一句地理解它，熟读它. (注：在《中国大百科全书》教育卷中是这样评价《学记》的：《学记》以简赅的文字，生动的比喻，系统而全面地阐明了教育的作用、目的和原则与方法……是世界上最早的体系极为严整的教育专著.) 可是《学记》是用文言文写成的. 对我和今天的研究生来说，阅读起来困难甚大.

王申怀数学教育文选

---

* 本文原载于《永远的教师钟善基：钟善基纪念文集》，2008，109-110.

于是钟先生带领我们逐字逐句一一念来，同时对每一词句都作了精辟而深刻的解释．

"……学然后知不足，教然后知困．知不足，然后能自反也；知困，然后能自强也．故曰：教学相长也．"

钟先生说：教与学的关系"教学相长"就出于此！

"君子之教，喻也．道而弗牵，强而弗抑，开而弗达．道而弗牵则和，强而弗抑则易，开而弗达则思．和，易以思可谓喻矣．"

钟先生解释曰：这就是启发式教学，这也是地道的中国式教学，我们应该发扬光大之．

钟先生字正腔圆地带着浓浓的京味的朗读，至今仍然历历在目．从这些朗读声中不仅使我们学到了许多有关教学论的知识，同时也得到了一种文化精神方面的享受．这种很有特色的讲述与讨论，给我留下了很深刻的印象．

追随钟先生三年的学习，使我在数学教育专业知识方面打下了扎实的基础，使我心中有了"底"．在 1994 年我开始独立招收"学科教学论"专业的硕士研究生，可以说钟先生是我学术上的引路人．如今钟先生已经仙逝，由于我在高考命题入帷处，不能与钟先生相见最后一面，使我感到十分黯然悲伤，使我感到终身遗憾．

■向量知识的深化与提高 *

§5.1 向量的另一种乘法——向量积

1. 向量积的定义

我们知道，利用物理学中力 F 所做的功 W 与位移 s 之间的关系引入了向量的数量积，也就是两个向量（F 和 s）"相乘"后得到一个实数（W），即 $F \cdot s = W$. 那么自然会问：两个向量"相乘"后能否得到一个向量呢？我们还是从物理学中寻找启示.

设两个力 F_1 和 F_2 作用在一杆上，作用点为 A_1 和 A_2（如图 5-1），杆的转动轴垂直于纸面。l_1 是 F_1 的力臂，l_2 是 F_2 的力臂，力和力臂的乘积叫做力对转动轴的力矩.

F_1 对转动轴的力矩为 $M_1 = l_1 F_1$，

F_2 对转动轴的力矩为 $M_2 = l_2 F_2$.

但图中 M_1 使杆向逆时针方向转动，而 M_2 使杆向顺时针方向转动. 于是我们知道：

（1）对力矩 M_1 来讲，除了有大小 $l_1 |F_1|$ 外，还有方向，它实际上是向量.

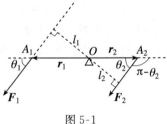

图 5-1

＊ 本文摘自严士健主编，王申怀等编著《向量及其应用》第五章，高等教育出版社，2005：158-184.

（2）计算力臂时，除了与力的作用点 A_1 有关外，还与力 $\boldsymbol{F}_1$ 的方向有关.

如果转动轴 O 点到作用点 A_1 的向量 $\overrightarrow{OA_1}$ 用 $\boldsymbol{r}_1$ 表示，$\boldsymbol{r}_1$ 与 $\boldsymbol{F}_1$ 的夹角为 θ_1，同样 $\overrightarrow{OA_2}=\boldsymbol{r}_2$，$\boldsymbol{r}_2$ 与 $\boldsymbol{F}_2$ 的夹角为 $\pi-\theta_2$，那么有

$$l_1=|\boldsymbol{r}_1|\sin\theta_1,\ l_2=|\boldsymbol{r}_2|\sin\theta_2.$$

这样，力矩的大小可用下式来计算：

$$|\boldsymbol{M}_1|=|\boldsymbol{F}_1||\boldsymbol{r}_1|\sin\theta_1,$$
$$|\boldsymbol{M}_2|=|\boldsymbol{F}_2||\boldsymbol{r}_2|\sin\theta_2.$$

如果再规定力矩 $\boldsymbol{M}_1$（或 $\boldsymbol{M}_2$）的一个方向，它就成为一个确定的向量了. 我们规定：力矩的方向垂直于 $\boldsymbol{r}_1$ 和 $\boldsymbol{F}_1$（或 $\boldsymbol{r}_2$ 和 $\boldsymbol{F}_2$）并使（$\boldsymbol{r}_1$，$\boldsymbol{F}_1$，$\boldsymbol{M}_1$）或（$\boldsymbol{r}_2$，$\boldsymbol{F}_2$，$\boldsymbol{M}_2$）成右手系，此时 $\boldsymbol{M}_1$ 垂直纸面且向外（$\boldsymbol{M}_2$ 垂直纸面且向内），这样力矩就是一个向量，它的大小是 $|\boldsymbol{F}||\boldsymbol{r}|\sin\theta$，$|\boldsymbol{r}|$ 为 O 点到作用点的距离，θ 为 $\boldsymbol{r}$ 与 $\boldsymbol{F}$ 的夹角；它的方向垂直于 $\boldsymbol{F}$ 和 $\boldsymbol{r}$ 所在平面，且（$\boldsymbol{r}$，$\boldsymbol{F}$，$\boldsymbol{M}$）成右手系.

如果杆 A_1A_2 在力 $\boldsymbol{F}_1$ 和 $\boldsymbol{F}_2$ 作用下处于平衡状态，由于 O 点固定，那么就有

$$\boldsymbol{M}_1+\boldsymbol{M}_2=0.$$

在物理学中，把力矩作为向量有许多方便之处，把力矩看作向量后，就可以把力矩作为由力（向量）和力臂（向量）经过某种方法"相乘"后得到. 即力矩＝力×力臂（$\boldsymbol{M}=\boldsymbol{F}\times\boldsymbol{r}$）. 由此我们可以抽象出向量的向量积的定义：

定义　向量 $\boldsymbol{a}$ 和 $\boldsymbol{b}$ 的向量积是一个向量 $\boldsymbol{c}$，它的大小为 $|\boldsymbol{c}|=|\boldsymbol{a}||\boldsymbol{b}|\sin\theta$，其中 θ 为 $\boldsymbol{a}$ 与 $\boldsymbol{b}$ 的夹角，它的方向垂直于 $\boldsymbol{a}$ 与 $\boldsymbol{b}$ 所在的平面，且（$\boldsymbol{a}$，$\boldsymbol{b}$，$\boldsymbol{c}$）成右手系，并记

$$\boldsymbol{c}=\boldsymbol{a}\times\boldsymbol{b}.$$

向量积用符号"×"来表示，所以又称叉积，数量积也称为内积，为了区别，我们把向量积称为外积，由

$|a×b|=|a||b|\sin\theta$，可知向量 $a×b$ 的模就是以 a，b 为边的平行四边形的面积.

向量积的运算满足如下运算律.

（1）$a×b=-b×a$；（反交换律）

（2）$(\lambda a)×b=\lambda(a×b)$，$\lambda\in\mathbf{R}$；

（3）$c×(a+b)=c×a+c×b.$（分配律）

证明　（1）由向量积的定义可知

$$|a×b|=|a||b|\sin\theta=|b||a|\sin\theta=|b×a|,$$

又因为 $a×b$ 和 $b×a$ 的方向都垂直于 $a×b$ 所在平面，且方向相反，所以有 $a×b=-b×a$.

特别有 $a×a=0$.

（2）证明留给读者.

（3）先证一个引理.

引理　单位向量 e 与向量 a 的向量积 $e×a=e×a_1$，其中 a_1 是 a 在以 e 为法向量的平面上的投影.

证明　如图 5-2，$e×a$ 与 $e×a_1$ 的方向相同且 $|e×a|=|e||a|\sin\theta$，其中 θ 是 e 与 a 的夹角. 又因为 $|e|=1$. 故

$$|e×a|=|a|\sin\theta=|a_1|=|e||a_1|\sin\frac{\pi}{2}=|e×a_1|.$$

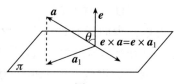

图 5-2

现在来证明（3），设 $c=\lambda e$（$\lambda>0$，$|e|=1$）. e 是平面 π 的法向量. a，b 在 π 上的投影分别为 a_1，b_1，由引理

$$e×a=e×a_1,$$

$$e×b=e×b_1,$$

由向量积的定义，$e×a_1$ 就是以 e 为轴，将 a_1 旋转 $90°$，使

（e，a_1，$e \times a_1$）成右手系，$e \times b_1$ 相同．在 π 平面上，由 $e \times a_1$，$e \times b_1$ 构成平行四边形是由 a_1，b_1 构成的平行四边形旋转 $90°$得到（如图 5-3）．由此可知

$$e \times (a_1 + b_1) = e \times a_1 + e \times b_1.$$

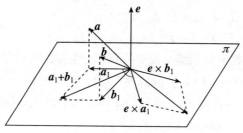

图 5-3

由于 $a+b$ 在平面 π 上垂直投影向量就是 $a_1 + b_1$，所以有

$$e \times (a + b) = e \times a + e \times b.$$

由此有

$$
\begin{aligned}
c \times (a + b) &= (\lambda e) \times (a + b) \\
&= \lambda [e \times (a + b)] \\
&= \lambda e \times a + \lambda e \times b \\
&= c \times a + c \times b.
\end{aligned}
$$

由向量积的定义，我们容易得出，两个向量 $a /\!/ b$ 的充要条件是 $a \times b = 0$（证明留给读者）．

2. 向量积的坐标表示

完全类似于两个向量的数量积可以用它们的坐标来表示，即在空间直角坐标系 $O\text{-}xyz$ 中，设 i，j，k 为 x，y，z 轴上的单位向量，向量

$$a = a_1 i + a_2 j + a_3 k, \quad b = b_1 i + b_2 j + b_3 k,$$

则

$$a \cdot b = a_1 b_1 + a_2 b_2 + a_3 b_3.$$

现在我们来计算 $a \times b$，首先我们来考虑三个坐标轴上单位

239

向量 i，j，k 之间的向量积. 因为这是三个互相垂直的单位向量，且（i，j，k）构成右手系（如图 5-4），因此由向量积的定义可知

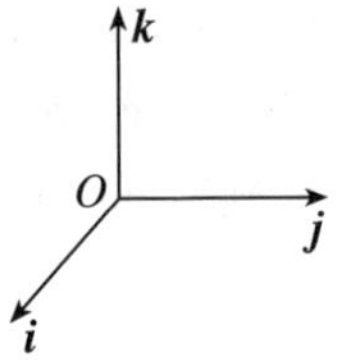

$$i \times i = j \times j = k \times k = 0.$$
$$i \times j = k, \quad j \times k = i, \quad k \times i = j.$$

图 5-4

因此，根据向量积满足反交换律和分配律. 可以得出

$$
\begin{aligned}
a \times b &= (a_1 i + a_2 j + a_3 k) \times (b_1 i + b_2 j + b_3 k) \\
&= a_1 b_2 i \times j + a_2 b_1 j \times i + a_3 b_1 k \times i + a_1 b_3 i \times k + \\
&\quad a_2 b_3 j \times k + a_3 b_2 k \times j \\
&= (a_1 b_2 - a_2 b_1)k + (a_3 b_1 - a_1 b_3)j + (a_2 b_3 - a_3 b_2)i.
\end{aligned}
$$

用行列式表示，即为

$$
a \times b = \begin{vmatrix} a_2 & a_3 \\ b_2 & b_3 \end{vmatrix} i + \begin{vmatrix} a_3 & a_1 \\ b_3 & b_1 \end{vmatrix} j + \begin{vmatrix} a_1 & a_2 \\ b_1 & b_2 \end{vmatrix} k.
$$

所以如果设 $a \times b = c$，且 $c = c_1 i + c_2 j + c_3 k$，那么就有

$$
\begin{cases}
c_1 = a_2 b_3 - a_3 b_2, \\
c_2 = a_3 b_1 - a_1 b_3, \\
c_3 = a_1 b_2 - a_2 b_1.
\end{cases}
$$

这就是在直角坐标系中，由向量 a 和 b 的坐标可计算出 $a \times b = c$ 的坐标公式，为了便于记忆，利用行列式的算法，可以将它形式地表示为

$$
c = a \times b = (a_2 b_3 - a_3 b_2)i + (a_3 b_1 - a_1 b_3)j + (a_1 b_1 - a_2 b_1)k
$$

$$
= \begin{vmatrix} a_2 & a_3 \\ b_2 & b_3 \end{vmatrix} i + \begin{vmatrix} a_3 & a_1 \\ b_3 & b_1 \end{vmatrix} j + \begin{vmatrix} a_1 & a_2 \\ b_1 & b_2 \end{vmatrix} k = \begin{vmatrix} i & j & k \\ a_1 & a_2 & a_3 \\ b_1 & b_2 & b_3 \end{vmatrix}.
$$

注意，这里所说的是形式地用行列式表示，因为行列式中每个元素都是数，而这里三阶行列式的第一行的元素不是数，而是向量 i，j，k，因此这仅是一种记法，此行列式只能按第一行展开，此时 i，j，k 作为一个符号参与行列式的

展开，展开后的每一项都是一个数乘向量，其结果是三项相加的一个向量表示式.

§5.2 三个向量的混合积

1. 混合积的定义

我们已经知道，向量有两种乘法——数量积与向量积. 如果我们对这两种乘法同时进行，那么会有什么结果？设向量 a，b，c，对它们进行两种乘法运算，此时有两种情形：①先作数量积再作向量积；②先作向量积再作数量积. 对第一种情形即 $(a \cdot b) \times c$，注意此时 $(a \cdot b)$ 是一个实数. 一个实数与一个向量作向量积是没有定义的. 因此考察第一种情形是没有意义的. 现在来考察第二种情形. 即 $(a \times b) \cdot c$，注意此时 $(a \times b)$ 是一个向量，可以与第三个向量 c 作数量积. 我们称 $(a \times b) \cdot c$ 为三个向量的混合积，显然混合积得到的是一个实数.

现在我们来考察混合积的几何意义.

设三个不共面向量 a，b，c，以这三个向量为棱构成一个平行六面体 V（如图 5-5），因为

$$(a \times b) \cdot c = |a \times b| |c| \cos \alpha,$$

其中 α 为 $a \times b$ 与 c 的夹角，显然，$|c| \cos \alpha$ 或 $|c| \cos(\pi - \alpha)$ 为平行六面体 V 的高❶. 而 $|a \times b| = |a| |b| \sin \beta$，其中 β 为 a 与 b 的夹角. 因此 $|a \times b|$ 是平行六面体 V 的底面积. 所以 $(a \times b) \cdot c$

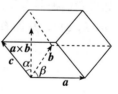

图 5-5

———————————

❶ 当 a，b，c 成右手系时，$a \times b$ 与 c 的夹角 $\alpha < 90°$，所以 $|c| \cos \alpha$ 就是平行六面体的高. 当 b，a，c 成右手系时，$a \times b$ 与 c 的夹角 $\alpha > 90°$，所以 $|c| \cos(\pi - \alpha)$ 是平行六面体的高.

的绝对值就是平行六面体 V 的体积.

2. 混合积的坐标表示

设空间直角坐标系为 $O\text{-}xyz$，$\boldsymbol{i}$，$\boldsymbol{j}$，$\boldsymbol{k}$ 是 x，y，z 轴上的单位向量.

$$\boldsymbol{a}=(a_1,a_2,a_3),\boldsymbol{b}=(b_1,b_2,b_3),\boldsymbol{c}=(c_1,c_2,c_3),$$

那么

$$(\boldsymbol{a}\times\boldsymbol{b})\cdot\boldsymbol{c}=\begin{vmatrix} \boldsymbol{i} & \boldsymbol{j} & \boldsymbol{k} \\ a_1 & a_2 & a_3 \\ b_1 & b_2 & b_3 \end{vmatrix}\cdot(c_1\boldsymbol{i}+c_2\boldsymbol{j}+c_3\boldsymbol{k})$$

$$=(a_2b_3-a_3b_2)c_1+(a_3b_1-a_1b_3)c_2+(a_1b_2-a_2b_1)c_3$$

$$=\begin{vmatrix} c_1 & c_2 & c_3 \\ a_1 & a_2 & a_3 \\ b_1 & b_2 & b_3 \end{vmatrix}=\begin{vmatrix} a_1 & a_2 & a_3 \\ b_1 & b_2 & b_3 \\ c_1 & c_2 & c_3 \end{vmatrix}.$$

此处我们利用了行列式的性质，行列式两行对换后行列式变号，行列式三行轮换后行列式值不变.

利用混合积的坐标表示和行列式的性质，容易得到

$$(\boldsymbol{a}\times\boldsymbol{b})\cdot\boldsymbol{c}=(\boldsymbol{b}\times\boldsymbol{c})\cdot\boldsymbol{a}=(\boldsymbol{c}\times\boldsymbol{a})\cdot\boldsymbol{b}.$$

如果我们把混合积 $(\boldsymbol{a}\times\boldsymbol{b})\cdot\boldsymbol{c}$ 记为 $(\boldsymbol{a},\boldsymbol{b},\boldsymbol{c})$（即 $(\boldsymbol{a}\times\boldsymbol{b})\cdot\boldsymbol{c}\equiv(\boldsymbol{a},\boldsymbol{b},\boldsymbol{c})$），从而有

$$(\boldsymbol{a},\boldsymbol{b},\boldsymbol{c})=(\boldsymbol{b},\boldsymbol{c},\boldsymbol{a})=(\boldsymbol{c},\boldsymbol{a},\boldsymbol{b}).$$

由于 $\boldsymbol{a}\times\boldsymbol{b}=-\boldsymbol{b}\times\boldsymbol{a}$（反交换律），从而有

$$(\boldsymbol{a},\boldsymbol{b},\boldsymbol{c})=-(\boldsymbol{b},\boldsymbol{a},\boldsymbol{c})=-(\boldsymbol{c},\boldsymbol{b},\boldsymbol{a})=-(\boldsymbol{a},\boldsymbol{c},\boldsymbol{b}).$$

由上式立即可知，

$$(\boldsymbol{a},\boldsymbol{a},\boldsymbol{b})=(\boldsymbol{a},\boldsymbol{b},\boldsymbol{a})=(\boldsymbol{b},\boldsymbol{a},\boldsymbol{a})=0.$$

即混合积中若有两个向量相等，则混合积为零.

定理 三个向量 $\boldsymbol{a}$，$\boldsymbol{b}$，$\boldsymbol{c}$ 共面的充要条件是 $(\boldsymbol{a},\boldsymbol{b},\boldsymbol{c})=0$.

证明 若 $\boldsymbol{a}$，$\boldsymbol{b}$，$\boldsymbol{c}$ 中有一个是零向量，结论是显然的，

所以不妨设 a，b，c 都是非零向量.

必要性：若 a，b，c 共面，则存在实数 α，β，使 $a=\alpha b+\beta c$，于是

$$
\begin{aligned}
(a\times b)\cdot c &=[(\alpha b+\beta c)\times b]\cdot c\\
&=[\alpha b\times b+\beta c\times b]\cdot c\\
&=\beta(c\times b)\cdot c=\beta(c,\ b,\ c)=0.
\end{aligned}
$$

充分性：若 $(a\times b)\cdot c=0$，即 c 与 $a\times b$ 垂直，而 $a\times b$ 垂直于 a 和 b，这就是说 c 与 a，b 共面.

§5.3　向量积在平面几何和立体几何中的应用

1. 向量积在平面几何中的应用

由向量积 $a\times b$ 的定义可知，$|a\times b|$ 就是以 a 与 b 为边的平行四边形的面积，因此利用向量积就可求得平行四边形或三角形的面积.

如图 5-6，设有 $\triangle ABC$，由向量积的定义可知，

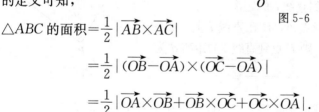

图 5-6

$$
\begin{aligned}
\triangle ABC \text{ 的面积} &=\frac{1}{2}|\overrightarrow{AB}\times\overrightarrow{AC}|\\
&=\frac{1}{2}|(\overrightarrow{OB}-\overrightarrow{OA})\times(\overrightarrow{OC}-\overrightarrow{OA})|\\
&=\frac{1}{2}|\overrightarrow{OA}\times\overrightarrow{OB}+\overrightarrow{OB}\times\overrightarrow{OC}+\overrightarrow{OC}\times\overrightarrow{OA}|.
\end{aligned}
$$

设我们以 O 为原点建立空间直角坐标系，点 A，B，C 的坐标为 $A(x_1,\ y_1,\ z_1)$，$B(x_2,\ y_2,\ z_2)$，$C(x_3,\ y_3,\ z_3)$. 显然，向量

$$
\begin{aligned}
\overrightarrow{OA}&=(x_1,\ y_1,\ z_1),\\
\overrightarrow{OB}&=(x_2,\ y_2,\ z_2),\\
\overrightarrow{OC}&=(x_3,\ y_3,\ z_3),
\end{aligned}
$$

$$\overrightarrow{AB}=(x_2-x_1,\ y_2-y_1,\ z_2-z_1),$$
$$\overrightarrow{AC}=(x_3-x_1,\ y_3-y_1,\ z_3-z_1),$$

因此

$$\triangle ABC\text{ 的面积}=\frac{1}{2}\begin{vmatrix} \boldsymbol{i} & \boldsymbol{j} & \boldsymbol{k} \\ x_2-x_1 & y_2-y_1 & z_2-z_1 \\ x_3-x_1 & y_3-y_1 & z_3-z_1 \end{vmatrix}\text{ 的模}.$$

如果 A，B，C 在 xy 坐标面上，则有 $A(x_1,\ y_1,\ 0)$，$B(x_2,\ y_2,\ 0)$，$C(x_3,\ y_3,\ 0)$ 此时

$$\triangle ABC\text{ 的面积}=\frac{1}{2}\begin{vmatrix} \boldsymbol{i} & \boldsymbol{j} & \boldsymbol{k} \\ x_2-x_1 & y_2-y_1 & 0 \\ x_3-x_1 & y_3-y_1 & 0 \end{vmatrix}\text{ 的模}$$

$$=\frac{1}{2}\begin{vmatrix} x_2-x_1 & y_2-y_1 \\ x_3-x_1 & y_3-y_1 \end{vmatrix}\text{ 的绝对值}.$$

利用三角形的面积公式，我们还可以得到空间中三点 A，B，C 共线的充要条件为

$$\overrightarrow{OA}\times\overrightarrow{OB}+\overrightarrow{OB}\times\overrightarrow{OC}+\overrightarrow{OC}\times\overrightarrow{OA}=\boldsymbol{0}.$$

利用向量积还可求出平面上点 P 到直线 l 的距离.

设点 A，B 在直线 l 上（如图 5-7），则 P 点到直线 l 的距离 d 为

$$d=\frac{|\overrightarrow{PA}\times\overrightarrow{PB}|}{|\overrightarrow{AB}|}.$$

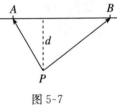

图 5-7

下面我们举实例来说明向量积在平面几何中的应用.

例 1 如图 5-8，在 $\triangle ABC$ 中，若 $AB\geqslant AC$，CD，BE 为 AB，AC 上的高，则 $AB-AC\geqslant BE-CD$.

证明 由点到直线距离公式有

$$|\overrightarrow{CD}|=\frac{|\overrightarrow{AB}\times\overrightarrow{AC}|}{|\overrightarrow{AB}|},$$

$$|\overrightarrow{BE}| = \frac{|\overrightarrow{AB} \times \overrightarrow{AC}|}{|\overrightarrow{AC}|},$$

故

$$|\overrightarrow{BE}| - |\overrightarrow{CD}|$$
$$= \frac{|\overrightarrow{AB} \times \overrightarrow{AC}|}{|\overrightarrow{AB}||\overrightarrow{AC}|}(|\overrightarrow{AB}| - |\overrightarrow{AC}|).$$

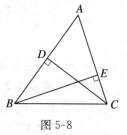

图 5-8

但

$$|\overrightarrow{AB}| - |\overrightarrow{AC}| \geqslant 0, \quad |\overrightarrow{AB} \times \overrightarrow{AC}| \leqslant |\overrightarrow{AB}||\overrightarrow{AC}|,$$

故 $BE - CD \leqslant AB - AC$.

例 2 如图 5-9，圆外切四边形 $ABCD$ 两对角线 AC，BD 的中点分别为 M，N，圆心为 O，则 O，M，N 三点共线（此线称为牛顿线）.

证明 设内切圆半径为 r，则

$\triangle OAB$ 面积 $= \dfrac{1}{2}r AB = \dfrac{1}{2}|\overrightarrow{OA} \times \overrightarrow{OB}|$,

$\triangle OCD$ 面积 $= \dfrac{1}{2}r CD = \dfrac{1}{2}|\overrightarrow{OC} \times \overrightarrow{OD}|$,

$\triangle OBC$ 面积 $= \dfrac{1}{2}r BC = \dfrac{1}{2}|\overrightarrow{OB} \times \overrightarrow{OC}|$,

$\triangle ODA$ 面积 $= \dfrac{1}{2}r DA = \dfrac{1}{2}|\overrightarrow{OD} \times \overrightarrow{OA}|$.

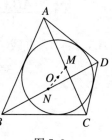

图 5-9

因为 $AB + CD = BC + DA$，所以
$$|\overrightarrow{OA} \times \overrightarrow{OB}| + |\overrightarrow{OC} \times \overrightarrow{OD}| = |\overrightarrow{OB} \times \overrightarrow{OC}| + |\overrightarrow{OD} \times \overrightarrow{OA}|,$$
且四个向量 $\overrightarrow{OA} \times \overrightarrow{OB}$，$\overrightarrow{OC} \times \overrightarrow{OD}$，$\overrightarrow{OB} \times \overrightarrow{OC}$，$\overrightarrow{OD} \times \overrightarrow{OA}$ 方向相同，因此
$$\overrightarrow{OA} \times \overrightarrow{OB} + \overrightarrow{OC} \times \overrightarrow{OD} = \overrightarrow{OB} \times \overrightarrow{OC} + \overrightarrow{OD} \times \overrightarrow{OA}.$$

又因为 M 是 AC 中点，所以 $\overrightarrow{OM} = \dfrac{1}{2}(\overrightarrow{OA} + \overrightarrow{OC})$. 同理

$$\overrightarrow{ON} = \frac{1}{2}(\overrightarrow{OB} + \overrightarrow{OD}).$$

$$\overrightarrow{OM} \times \overrightarrow{ON} = \frac{1}{4}[(\overrightarrow{OA} + \overrightarrow{OC}) \times (\overrightarrow{OB} + \overrightarrow{OD})]$$

$$=\frac{1}{4}[\overrightarrow{OA}\times\overrightarrow{OB}+\overrightarrow{OC}\times\overrightarrow{OD}-\overrightarrow{OB}\times\overrightarrow{OC}-\overrightarrow{OD}\times\overrightarrow{OA}]$$
$$=0,$$

故 O，M，N 三点共线.

例 3（**梅尼劳斯定理**）如图 5-10，设点 A_1，B_1，C_1 分别在 $\triangle ABC$ 的三边 BC，CA，AB 或其延长线上，且

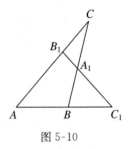

$$\frac{AC_1}{C_1B}=\lambda_1,\quad \frac{BA_1}{A_1C}=\lambda_2,\quad \frac{CB}{B_1A}=\lambda_3,$$

则 A_1，B_1，C_1 三点共线的充要条件为 $\lambda_1\lambda_2\lambda_3=-1$.

图 5-10

证明 由题设及定比分点公式知

$$\overrightarrow{AA_1}=\frac{\overrightarrow{AB}+\lambda_2\overrightarrow{AC}}{1+\lambda_2},\quad \overrightarrow{AB_1}=\frac{\overrightarrow{AC}}{1+\lambda_3},\quad \overrightarrow{AC_1}=\frac{\lambda_1\overrightarrow{AB}}{1+\lambda_1}.$$

A_1，B_1，C_1 共线$\Leftrightarrow\overrightarrow{AA_1}\times\overrightarrow{AB_1}+\overrightarrow{AB_1}\times\overrightarrow{AC_1}+\overrightarrow{AC_1}\times\overrightarrow{AA_1}=\mathbf{0}$

$$\Leftrightarrow(1+\lambda_1)\overrightarrow{AB}\times\overrightarrow{AC}+\lambda_1(1+\lambda_2)\overrightarrow{AC}\times\overrightarrow{AB}+$$
$$\lambda_1\lambda_2(1+\lambda_3)\overrightarrow{AB}\times\overrightarrow{AC}=\mathbf{0}$$
$$\Leftrightarrow(1+\lambda_1)-\lambda_1(1+\lambda_2)+\lambda_1\lambda_2(1+\lambda_3)=0$$
$$\Leftrightarrow\lambda_1\lambda_2\lambda_3=-1.$$

2. 向量积在立体几何中的应用

用向量来解几何问题，就是要把纯几何的综合法转化为向量的代数运算. 如果我们引入空间坐标系，那么向量的运算又可化为实数运算，因此可使计算过程更为简单容易，下面我们用具体实例来说明.

例 4 已知：正三棱柱 $ABC\text{-}A_1B_1C_1$ 中，$AB=a$，$CC_1=b$，D 为 AC 中点.

求：BD 与 AC_1 的距离.

解 我们以 D 点为原点建立空间直角坐标系 $D\text{-}xyz$（如图 5-11），则

$$\overrightarrow{DB} = \left(\frac{\sqrt{3}}{2}a, \ 0, \ 0\right),$$

$$\overrightarrow{AC_1} = (0, \ a, \ b),$$

所以

$$\overrightarrow{DB} \times \overrightarrow{AC_1} = \begin{vmatrix} \boldsymbol{i} & \boldsymbol{j} & \boldsymbol{k} \\ \dfrac{\sqrt{3}}{2}a & 0 & 0 \\ 0 & a & b \end{vmatrix}$$

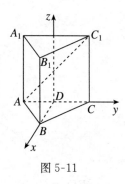

图 5-11

$$= \left(0, \ -\frac{\sqrt{3}}{2}ab, \ \frac{\sqrt{3}}{2}a^2\right)$$

$$= \frac{\sqrt{3}}{2}a(0, \ -b, \ a).$$

显然 $\overrightarrow{DB} \times \overrightarrow{AC_1}$ 就是直线 DB 与 AC_1 的公垂线方向，所以向量 $\overrightarrow{DA}$ 在单位向量 $\dfrac{\overrightarrow{DB} \times \overrightarrow{AC_1}}{|\overrightarrow{DB} \times \overrightarrow{AC_1}|}$ 上的射影就是 DB 与 AC_1 之间的距离.

247

$$\overrightarrow{DA} = \left(0, \ -\frac{a}{2}, \ 0\right),$$

$$\frac{\overrightarrow{DB} \times \overrightarrow{AC_1}}{|\overrightarrow{DB} \times \overrightarrow{AC_1}|} = \frac{1}{\sqrt{a^2 + b^2}}(0, \ -b, \ a),$$

故

$$\overrightarrow{DA} \cdot \frac{\overrightarrow{DB} \times \overrightarrow{AC_1}}{|\overrightarrow{DB} \times \overrightarrow{AC_1}|} = \frac{ab}{2\sqrt{a^2 + b^2}}$$

就是 BD 与 AG 之间的距离.

例 5 已知：长方体 $ABCD\text{-}A_1B_1C_1D_1$ 中，$AB=10$，$BC=6$，$BB_1=8$.

求：CD 与 BD_1 的距离.

解 我们以 D 为原点建立直角坐标系 $D\text{-}xyz$（如图 5-12），则

$$\overrightarrow{DC} = (0, \ 10, \ 0),$$

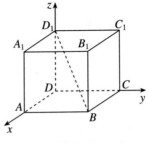

图 5-12

$$\overrightarrow{BD_1}=(0,\ 0,\ 8)-(6,\ 10,\ 0)=(-6,\ -10,\ 8).$$

$$\overrightarrow{DC}\times\overrightarrow{BD_1}=\begin{vmatrix} \boldsymbol{i} & \boldsymbol{j} & \boldsymbol{k} \\ 0 & 10 & 0 \\ -6 & -10 & 8 \end{vmatrix}=(80,\ 0,\ 60).$$

$\overrightarrow{DD_1}=(0,\ 0,\ 8)$ 在单位向量

$$\frac{\overrightarrow{DC}\times\overrightarrow{BD_1}}{|\overrightarrow{DC}\times\overrightarrow{BD_1}|}=\left(\frac{4}{5},\ 0,\ \frac{3}{5}\right)$$

王申怀数学教育文选

上的射影为 $(0,\ 0,\ 8)\cdot\left(\frac{4}{5},\ 0,\ \frac{3}{5}\right)=\frac{24}{5}.$

这就是 CD 与 BD_1 的距离.

评述 求异面直线之间的距离是立体几何中较为困难的问题,采用向量的向量积的方法,可以使这个困难的问题统一地处理,得到一般的解题方法.

设 $\boldsymbol{a}$,$\boldsymbol{b}$ 分别为两条异面直线 l_1,l_2 上的两个向量,则 $\boldsymbol{a}\times\boldsymbol{b}$ 是 l_1,l_2 的公垂线的方向,再在 l_1,l_2 上各取一点 A,B,那么向量 $\overrightarrow{AB}$ 在公垂线上的射影就是 l_1,l_2 之间的距离,而 $\overrightarrow{AB}$ 在 $\boldsymbol{a}\times\boldsymbol{b}$ 上的射影就是

$$|\overrightarrow{AB}|\cos\theta=\frac{|\overrightarrow{AB}\cdot(\boldsymbol{a}\times\boldsymbol{b})|}{|\boldsymbol{a}\times\boldsymbol{b}|},$$

其中 θ 表示 $\overrightarrow{AB}$ 与公垂线之间的夹角,所以 l_1 与 l_2 之间的距离公式为

$$d = \frac{|\overrightarrow{AB} \cdot (a \times b)|}{|a \times b|},$$

用混合积来表示，就是

$$d = \frac{(\overrightarrow{AB}, \ a, \ b)}{|a \times b|}.$$

下面再举两个实例.

例 6 设 $ABCD$-$A_1B_1C_1D_1$ 为单位正方体，求 AC 与 A_1D 之间的距离.

解 以 D 为原点，建立直角坐标系，如图 5-13，则

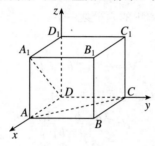

图 5-13

$$\overrightarrow{AC} = (0, \ 1, \ 0) - (1, \ 0, \ 0) = (-1, \ 1, \ 0),$$

$$\overrightarrow{DA_1} = (1, \ 0, \ 1),$$

$$\overrightarrow{DA} = (1, \ 0, \ 0),$$

所以 AC 与 A_1D 之间的距离为

$$d = \frac{(\overrightarrow{DA}, \ \overrightarrow{AC}, \ \overrightarrow{DA_1})}{|\overrightarrow{AC} \times \overrightarrow{DA_1}|} = \frac{1}{\sqrt{3}}.$$

注意到

$$(\overrightarrow{DA}, \ \overrightarrow{AC}, \ \overrightarrow{DA_1}) = \begin{vmatrix} 1 & 0 & 0 \\ -1 & 1 & 0 \\ 1 & 0 & 1 \end{vmatrix} = 1,$$

$$\overrightarrow{AC} \times \overrightarrow{DA_1} = (-1, \ 1, \ 0) \times (1, \ 0, \ 1) = (1, \ 1, \ -1),$$

所以 $|\overrightarrow{AC} \times \overrightarrow{DA_1}| = \sqrt{3}$.

例 7 证明四面体的体积 $V = \dfrac{1}{6} abd\sin\varphi$，其中 a，b 是两条对棱的长，d 是它们之间的距离，φ 是它们之间的夹角.

证明 如图 5-14，设四面体 $ABCD$ 的对棱为 AB，CD. $\overrightarrow{AB} = \boldsymbol{a}$，$\overrightarrow{CD} = \boldsymbol{b}$，将 $\overrightarrow{CD}$ 平移到以 B 点为起点的 $\overrightarrow{BB_1} = \boldsymbol{b}$，则此时 $ABCD$ 的体积等于以 AB，BB_1，BC 为棱的平行六面体体积的六分之一，即有

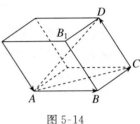

图 5-14

$$V = \frac{1}{6}(\boldsymbol{a},\ \boldsymbol{b},\ \overrightarrow{CB}).$$

另一方面，AB，CD 之间距离 d 为

$$d = \frac{(\boldsymbol{a},\ \boldsymbol{b},\ \overrightarrow{CB})}{|\boldsymbol{a} \times \boldsymbol{b}|},$$

所以 $V = \dfrac{1}{6}d|\boldsymbol{a} \times \boldsymbol{b}| = \dfrac{1}{6}d|\boldsymbol{a}|\,|\boldsymbol{b}|\sin\varphi = \dfrac{1}{6}abd\sin\varphi$.

例 8 如图. 设正方体 $ABCD\text{-}A_1B_1C_1D_1$ 的棱长为 2，Q 为 AD 的中点，求（1）点 C_1 到直线 QB 的距离；（2）点 C_1 到平面 B_1QB 的距离.

分析 此题是第四章中 §4.6 的例 1，当时是利用数量积来求距离的，计算量较大，现在利用向量积来求距离，计算量就大为减少.

解 （1）如图 5-15，建立空间直角坐标系，则

$Q(1,\ 0,\ 0)$，

$B(2,\ 2,\ 0)$，

$C_1(0,\ 2,\ 2)$.

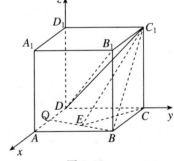

图 5-15

所以 $\overrightarrow{QC_1}=(-1,\ 2,\ 2)$，

$\overrightarrow{QB}=(1,\ 2,\ 0)$.

根据向量积的定义可知，点 C_1 到直线 QB 的距离 d 为

$$d=\frac{|\overrightarrow{QC_1}\times\overrightarrow{QB}|}{|\overrightarrow{QB}|}.$$

又 $\overrightarrow{QC_1}\times\overrightarrow{QB}=(-1,\ 2,\ 2)\times(1,\ 2,\ 0)$

$$=\left(\begin{vmatrix}2&2\\2&0\end{vmatrix},\ \begin{vmatrix}2&-1\\0&-1\end{vmatrix},\ \begin{vmatrix}-1&2\\1&2\end{vmatrix}\right)$$

$$=(-4,\ 2,\ -4),$$

故 $d=\dfrac{\sqrt{16+4+16}}{\sqrt{1+4}}=\dfrac{6}{\sqrt{5}}=\dfrac{6}{5}\sqrt{5}$.

(2) $\overrightarrow{QB_1}=(1,\ 2,\ 2)$，$\overrightarrow{QB}=(1,\ 2,\ 0)$，

$\overrightarrow{QB_1}\times\overrightarrow{QB}=(1,\ 2,\ 2)\times(1,\ 2,\ 0)$

$$=\left(\begin{vmatrix}2&2\\2&0\end{vmatrix},\ \begin{vmatrix}2&1\\0&1\end{vmatrix},\ \begin{vmatrix}1&2\\1&2\end{vmatrix}\right)$$

$$=(-4,\ 2,\ 0).$$

注意到 $\overrightarrow{QB_1}\times\overrightarrow{QB}$ 是平面 B_1QB 的法向量，故点 C_1 到平面 B_1QB 的距离 d 为

$$d=\frac{\overrightarrow{QC_1}\cdot(\overrightarrow{QB_1}\times\overrightarrow{QB})}{|\overrightarrow{QB_1}\times\overrightarrow{QB}|}=\frac{4+4}{\sqrt{16+4}}=\frac{4}{\sqrt{5}}=\frac{4}{5}\sqrt{5}.$$

例 9 如图，正方体 $ABCD\text{-}A_1B_1C_1D_1$ 的棱长为 1，求异面直线 DB_1 与 AC 间的距离.

分析 此题是第四章中 §4.6 的例 2. 当时是利用数量积来计算的，现在利用由向量积和混合积得到的异面直线间距离的公式，计算就可大为简化.

解 如图 5-16，建立空

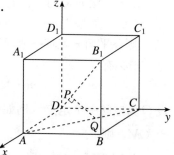

图 5-16

间直角坐标系，

$D(0, 0, 0)$，$B_1(1, 1, 1)$，$A(1, 0, 0)$，$C(0, 1, 0)$.

$\overrightarrow{DB_1}=(1, 1, 1)$，$\overrightarrow{AC}=(-1, 1, 0)$，$\overrightarrow{DA}=(1, 0, 0)$.

根据异面直线间距离公式

$$d=\left|\frac{(\overrightarrow{DA}, \overrightarrow{DB_1}, \overrightarrow{AC})}{|\overrightarrow{DB_1}\times\overrightarrow{AC}|}\right|,$$

$$\overrightarrow{DB_1}\times\overrightarrow{AC}=(1, 1, 1)\times(-1, 1, 0)$$

$$=\left(\begin{vmatrix} 1 & 1 \\ 1 & 0 \end{vmatrix}, \begin{vmatrix} 1 & 1 \\ 0 & -1 \end{vmatrix}, \begin{vmatrix} 1 & 1 \\ -1 & 1 \end{vmatrix}\right)$$

$$=(-1, -1, 2),$$

故 $(\overrightarrow{DA}, \overrightarrow{DB_1}, \overrightarrow{AC})=\overrightarrow{DA}\cdot(\overrightarrow{DB_1}\times\overrightarrow{AC})=(-1, -1, 2)\cdot(1, 0, 0)=-1$，

故 DB_1 与 AC 间的距离

$$d=\left|\frac{-1}{\sqrt{1+1+4}}\right|=\frac{1}{\sqrt{6}}=\frac{\sqrt{6}}{6}.$$

§5.4 空间中平面和直线的向量方程

1. 平面的方程

已知一个平面 π，垂直于平面 π 的直线叫做它的法线，平行于该法线的任一非零向量叫做它的法向量.

以 **n** 为法向量的平面是不确定的，可以是许多相互平行的平面. 如果再加一个条件，要求该平面通过某一定点 M_0，则此平面 π 就唯一地确定了. 设 M 是平面 π 上任意一点，则必有

$$\boldsymbol{n}\cdot\overrightarrow{MM_0}=0.$$

设 O 为空间一个定点（例如坐标原点），如果设 $\boldsymbol{r}_0=\overrightarrow{OM_0}$，$\boldsymbol{r}=\overrightarrow{OM}$，则

$$\boldsymbol{n}\cdot(\boldsymbol{r}-\boldsymbol{r}_0)=0 \quad 或 \quad \boldsymbol{n}\cdot\boldsymbol{r}+D=0(D=-\boldsymbol{n}\cdot\boldsymbol{r}_0). \quad (1)$$

显然，平面 π 上任一点位置向量 $\boldsymbol{r}=\overrightarrow{OM}$ 满足（1），反之亦然，即满足（1）式的向量 $\boldsymbol{r}$ 的终点必在 π 上，我们把（1）称为平面的向量方程.

以 O 点为原点建立直角坐标系，设
$$\boldsymbol{n}=(A,\ B,\ C),\ \boldsymbol{r}=(x,\ y,\ z),\ \boldsymbol{r}_0=(x_0,\ y_0,\ z_0),$$
则（1）式可写为
$$A(x-x_0)+B(y-y_0)+C(z-z_0)=0,$$
这就是平面 π 的普通方程.

例 1 已知 $M_i(x_i,\ y_i,\ z_i)(i=1,\ 2,\ 3)$ 是不共线的三点，求过这三点的平面方程.

解 由向量积的定义可知该平面的法向量为
$$\boldsymbol{n}=\overrightarrow{M_1M_2}\times\overrightarrow{M_1M_3},$$
平面上任一点 $M(x,\ y,\ z)$ 应满足 $\boldsymbol{n}\cdot\overrightarrow{M_1M}=0$，即
$$(\overrightarrow{M_1M_2}\times\overrightarrow{M_1M_3})\cdot\overrightarrow{M_1M}=0 \quad \text{或}$$
$$(\overrightarrow{M_1M_2},\ \overrightarrow{M_1M_3},\ \overrightarrow{M_1M})=0,$$
这就是平面的向量方程，化成坐标形式为
$$\begin{vmatrix} x-x_1 & y-y_1 & z-z_1 \\ x_2-x_1 & y_2-y_1 & z_2-z_1 \\ x_3-x_1 & y_3-y_1 & z_3-z_1 \end{vmatrix}=0.$$

2. 直线的方程

设直线 l 上一定点 $M_0(x_0,\ y_0,\ z_0)$，$M(x,\ y,\ z)$ 是 l 上任意一点，如果直线 l 平行于某定方向，$\boldsymbol{v}=(l,\ m,\ n)$，设 $\boldsymbol{r}=\overrightarrow{OM}$，$\boldsymbol{r}_0=\overrightarrow{OM_0}$，则
$$\boldsymbol{r}-\boldsymbol{r}_0=t\boldsymbol{v}, \tag{2}$$
这称为空间中直线的向量方程，这里 t 是直线的参数，t 可以取一切实数值，当 v 是单位向量时（即 $|\boldsymbol{v}|=1$），$|t|$ 表示动点 M 到 M_0 的距离，把（2）式写成坐标形式，即
$$(x-x_0,\ y-y_0,\ z-z_0)=t(l,\ m,\ n)$$

或

$$\begin{cases} x=x_0+lt, \\ y=y_0+mt, \\ z=z_0+nt, \end{cases} \qquad (3)$$

这称为直线的参数方程，从（3）消去 t，得

$$\frac{x-x_0}{l}=\frac{y-y_0}{m}=\frac{z-z_0}{n}.$$

把上式写成

$$\begin{cases} \dfrac{x-x_0}{l}=\dfrac{y-y_0}{m}, \\ \dfrac{y-y_0}{m}=\dfrac{z-z_0}{n}, \end{cases}$$

其中每一个方程都是关于 x，y，z 的一次方程，因此它们都表示一个平面. 反之，直线可以看成是两个平面的交线，即两相交平面方程联立

$$\begin{cases} A_1x+B_1y+C_1z+D_1=0, \\ A_2x+B_2y+C_2z+D_2=0 \end{cases} \qquad (4)$$

就表示它们的交线，这叫做直线的普通方程.

设 $\boldsymbol{n}_1=(A_1,\ B_1,\ C_1)$，$\boldsymbol{n}_2=(A_2,\ B_2,\ C_2)$，这就是（4）式中两平面的法向量，因此，$\boldsymbol{n}_1\times\boldsymbol{n}_2$ 就是（4）式所表示直线的方向向量.

例 2 已知直线的普通方程

$$\begin{cases} 2x-3y-z+4=0, \\ 4x-6y+5z-1=0, \end{cases}$$

求该直线的参数方程.

解 设 $\boldsymbol{n}_1=(2,\ -3,\ -1)$，$\boldsymbol{n}_2=(4,\ -6,\ 5)$.

$$\boldsymbol{v}=\boldsymbol{n}_1\times\boldsymbol{n}_2\left(\begin{vmatrix} -3 & -1 \\ -6 & 5 \end{vmatrix},\ \begin{vmatrix} -1 & 2 \\ 5 & 4 \end{vmatrix},\ \begin{vmatrix} 2 & -3 \\ 4 & -6 \end{vmatrix}\right)$$

$$=(-21,\ -14,\ 0),$$

这就是直线的方向向量，容易知道 $\left(0,\ \dfrac{19}{21},\ \dfrac{9}{7}\right)$ 是该直线上

的一个点，所以该直线的参数方程为

$$\begin{cases} x = -21t, \\ y = \dfrac{19}{21} - 14t, \\ z = \dfrac{9}{7}. \end{cases}$$

3. 直线与平面之间的位置关系

（1）两条直线之间的关系

空间两条直线有相交、平行（这两种情形下这两条直线共面），和异面三种情形. 设

$$l_1: \boldsymbol{r} = \boldsymbol{r}_1 + t_1 \boldsymbol{v}_1,$$
$$l_2: \boldsymbol{r} = \boldsymbol{r}_2 + t_2 \boldsymbol{v}_2.$$

容易知道

$$l_1 /\!/ l_2 \Leftrightarrow \boldsymbol{v}_1 \times \boldsymbol{v}_2 = \boldsymbol{0}.$$

l_1 与 l_2 相交 $\Leftrightarrow (\boldsymbol{r}_2 - \boldsymbol{r}_1, \boldsymbol{v}_1, \boldsymbol{v}_2) = 0$ 和 $\boldsymbol{v}_1 \times \boldsymbol{v}_2 \neq \boldsymbol{0}.$

l_1 与 l_2 异面 $\Leftrightarrow (\boldsymbol{r}_2 - \boldsymbol{r}_1, \boldsymbol{v}_1, \boldsymbol{v}_2) \neq 0.$

（2）直线与平面之间的关系

该直线 l 与平面 π 的方程分别为

$$l: \boldsymbol{r} = \boldsymbol{r}_0 + t\boldsymbol{v},$$
$$\pi: \boldsymbol{n} \cdot (\boldsymbol{r} - \boldsymbol{r}_1) = 0.$$

若 $\boldsymbol{n} \cdot \boldsymbol{v} \neq 0$，则把 l 方程代入 π，得

$$\boldsymbol{n} \cdot (\boldsymbol{r}_0 - \boldsymbol{r}_1) + t\boldsymbol{n} \cdot \boldsymbol{v} = 0,$$

所以

$$t = -\frac{\boldsymbol{n} \cdot (\boldsymbol{r}_0 - \boldsymbol{r}_1)}{\boldsymbol{n} \cdot \boldsymbol{v}}.$$

即 l 与 π 有一个交点，若 $\boldsymbol{n} \cdot \boldsymbol{v} = 0$，而 $\boldsymbol{n} \cdot (\boldsymbol{r}_0 - \boldsymbol{r}_1) \neq 0$，则 l 与 π 没有交点，即 $l /\!/ \pi$. 若 $\boldsymbol{n} \cdot \boldsymbol{v} = 0$，且 $\boldsymbol{n} \cdot (\boldsymbol{r}_0 - \boldsymbol{r}_1) = 0$，则 l 与 π 有无穷多个交点，则 l 落在 π 上.

（3）两个平面之间关系

设两平面方程为

$$\pi_1 : \boldsymbol{n}_1 \cdot (\boldsymbol{r} - \boldsymbol{r}_1) = 0,$$

$$\pi_2 : \boldsymbol{n}_2 \cdot (\boldsymbol{r} - \boldsymbol{r}_2) = 0.$$

若 $\boldsymbol{n}_1 \times \boldsymbol{n}_2 \neq 0$. 则 π_1 与 π_2 相交.

若 $\boldsymbol{n}_1 \times \boldsymbol{n}_2 = 0$，则 $\boldsymbol{n}_1$，$\boldsymbol{n}_2$ 共线，故可设 $\boldsymbol{n}_2 = \lambda \boldsymbol{n}_2$，此时 π_2 方程可写为

$$\boldsymbol{n}_1 \cdot (\boldsymbol{r}_1 - \boldsymbol{r}_2) = 0.$$

将它与 π_1 方程相减，得

$$\boldsymbol{n}_1 \cdot (\boldsymbol{r}_2 - \boldsymbol{r}_1) = 0.$$

事实上，若 $\boldsymbol{n}_1 \cdot (\boldsymbol{r}_2 - \boldsymbol{r}_1) \neq 0$，则 $\pi_1 /\!/ \pi_2$，若 $\boldsymbol{n}_1 \cdot (\boldsymbol{r}_2 - \boldsymbol{r}_1) = 0$，则 π_1 与 π_2 重合. 两直线 l_1 与 l_2 的方向向量 $\boldsymbol{v}_1$ 与 $\boldsymbol{v}_2$ 的夹角（或它的补角）叫做 l_1 与 l_2 的交角.

若把直线 l 的方向向量和平面 π 的法向量的夹角记为 φ，则 l 与 π 的交角定义为 $\left| \dfrac{\pi}{2} - \varphi \right|$（或它的补角）.

两平面 π_1 和 π_2 的夹角就是它们法向量的夹角（或它的补角）.

例3 求坐标原点到直线

$$l: \begin{cases} x + 2y + 3z + 4 = 0, \\ 2x + 3y + 4z + 5 = 0 \end{cases}$$

的垂线和垂足.

解 设 π 是过原点且与 l 垂直的平面，则 l 的方向向量 $\boldsymbol{v}$ 与 π 的法向量 $\boldsymbol{n}$ 是相同（或相反）向量.

$$\boldsymbol{n} = \boldsymbol{v} = \left(\begin{vmatrix} 2 & 3 \\ 3 & 4 \end{vmatrix}, \begin{vmatrix} 3 & 1 \\ 4 & 2 \end{vmatrix}, \begin{vmatrix} 1 & 2 \\ 2 & 3 \end{vmatrix} \right) = (-1,\ 2,\ -1),$$

故 π 的方程为

$$-x + 2y - z = 0.$$

将此式与 l 的方程联立得三个三元一次方程，解出垂足的坐标为 $\left(\dfrac{2}{3},\ -\dfrac{1}{3},\ -\dfrac{4}{3} \right)$，于是垂线的方程为

$$\begin{cases} x = \dfrac{2}{3}t, \\[2mm] y = -\dfrac{1}{3}t, \\[2mm] z = -\dfrac{4}{3}t. \end{cases}$$

4. 点到平面和直线的距离和异面直线之间距离

设点 $M_1(x_1, y_1, z_1)$，则向量 $\overrightarrow{OM_1} = \boldsymbol{r}_1 = (x_1, y_1, z_1)$，平面 π 的方程为

$$\boldsymbol{n} \cdot (\boldsymbol{r} - \boldsymbol{r}_0) = 0.$$

向量 $\boldsymbol{r}_1 - \boldsymbol{r}_0$ 在 $\boldsymbol{n}$ 方向的投影的长度就是 M_1 到 π 的距离 d，即

$$d = \frac{|\boldsymbol{n} \cdot (\boldsymbol{r}_1 - \boldsymbol{r}_0)|}{|\boldsymbol{n}|}.$$

如果 π 的方程用坐标来表示，则有

$$A(x - x_0) + B(y - y_0) + C(z - z_0) = 0$$

（此处 $\boldsymbol{n} = (A, B, C)$，$\boldsymbol{r}_0 = (x_0, y_0, z_0)$），则

$$\begin{aligned} |\boldsymbol{n} \cdot (\boldsymbol{r}_1 - \boldsymbol{r}_0)| &= |A(x_1 - x_0) + B(y_1 - y_0) + C(z_1 - z_0)| \\ &= |Ax_1 + By_1 + Cz_1 - Ax_0 - By_0 - Cz_0| \\ &= |Ax_1 + By_1 + Cz_1 - D|, \end{aligned}$$

$$d = \frac{|Ax_1 + By_1 + Cz_1 + D|}{\sqrt{A^2 + B^2 + C^2}},$$

这就是点 M_0 到平面 π 的距离公式.

设直线 l 的方程是

$$\boldsymbol{r} = \boldsymbol{r}_0 + t\boldsymbol{v}.$$

以 M_0 为一个顶点，以 $\overrightarrow{M_0M_1}$ 和向量 $\boldsymbol{v}$ 为两边作一平行四边形，如图 5-17，M_1 到 l 的距离 d 就是平行四边形的一条高，所以

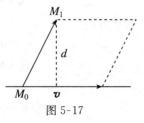

图 5-17

$$d=\frac{|\boldsymbol{v}\times\overrightarrow{M_0M_1}|}{|\boldsymbol{v}|}.$$

若 $\boldsymbol{v}=(l,m,n)$，就得到用坐标来计算的公式

$$d=\frac{1}{\sqrt{l^2+m^2+n^2}}\cdot$$

$$\left(\sqrt{\begin{vmatrix} m & n \\ y_1-y_0 & z_1-z_0 \end{vmatrix}^2+\begin{vmatrix} u & l \\ z_1-z_0 & x_1-x_0 \end{vmatrix}^2+\begin{vmatrix} l & m \\ x_1-x_0 & y_1-y_0 \end{vmatrix}^2}\right)$$

这就是点 M_0 到直线 l 的距离公式.

为了求异面直线之间的距离，我们先介绍三重向量积的一个公式.

例 4 求证：$\boldsymbol{a}\times(\boldsymbol{b}\times\boldsymbol{c})=(\boldsymbol{a}\cdot\boldsymbol{c})\boldsymbol{b}-(\boldsymbol{a}\cdot\boldsymbol{b})\boldsymbol{c}.$

证明 设

$$\boldsymbol{a}=(a_1,a_2,a_3),\ \boldsymbol{b}=(b_1,b_2,b_3),\ \boldsymbol{c}=(c_1,c_2,c_3),$$
$$\boldsymbol{a}\times(\boldsymbol{b}\times\boldsymbol{c})=(x,y,z).$$

因为

$$\boldsymbol{b}\times\boldsymbol{c}=\left(\begin{vmatrix} b_2 & b_3 \\ c_2 & c_3 \end{vmatrix},\ \begin{vmatrix} b_3 & b_1 \\ c_3 & c_1 \end{vmatrix},\ \begin{vmatrix} b_1 & b_2 \\ c_1 & c_2 \end{vmatrix}\right),$$

所以

$$x=\begin{vmatrix} a_2 & a_3 \\ \begin{vmatrix} b_3 & b_1 \\ c_3 & c_1 \end{vmatrix} & \begin{vmatrix} b_1 & b_2 \\ c_1 & c_2 \end{vmatrix} \end{vmatrix}=a_2\begin{vmatrix} b_1 & b_2 \\ c_1 & c_2 \end{vmatrix}-a_3\begin{vmatrix} b_3 & b_1 \\ c_3 & c_1 \end{vmatrix}$$

$$=a_2(b_1c_2-b_2c_1)-a_3(b_3c_1-b_1c_3)$$

$$=(a_2c_2+a_3c_3)b_1-(a_2b_2+a_3b_3)c_1$$

$$=(a_1c_1+a_2c_2+a_3c_3)b_1-(a_1b_1+a_2b_2+a_3b_3)c_1$$

$$=(\boldsymbol{a}\cdot\boldsymbol{c})b_1-(\boldsymbol{a}\cdot\boldsymbol{b})c_1.$$

同理可得

$$y=(\boldsymbol{a}\cdot\boldsymbol{c})b_2-(\boldsymbol{a}\cdot\boldsymbol{b})c_2,$$
$$z=(\boldsymbol{a}\cdot\boldsymbol{c})b_3-(\boldsymbol{a}\cdot\boldsymbol{b})c_3,$$

因此得

$$\boldsymbol{a}\times(\boldsymbol{b}\times\boldsymbol{c})=(\boldsymbol{a}\cdot\boldsymbol{c})\boldsymbol{b}-(\boldsymbol{a}\cdot\boldsymbol{b})\boldsymbol{c}.$$

（此公式称为三重向量积公式）

因为

$$(a\times b)\times c=-c\times(a\times b)=-[(c\cdot b)a-(c\cdot a)b]$$
$$=(a\cdot c)b-(b\cdot c)a,$$

因此得到

$$(a\times b)\times c=(a\cdot c)b-(b\cdot c)a.$$

所以对向量积来说，不满足结合律，即 $(a\times b)\times c\neq a\times(b\times c)$. 利用上述公式可以证明下述拉格朗日公式.

例 5　证明（拉格朗日恒等式）

$$(a\times b)\cdot(c\times d)=(a\cdot c)(b\cdot d)-(a\cdot d)(b\cdot c).$$

证明

$$(a\times b)\cdot(c\times d)=(a,\ b,\ c\times d)$$
$$=(c\times d,\ a,\ b)=[(c\times d)\times a]\cdot b$$
$$=[(c\cdot a)d-(d\cdot a)c]\cdot b$$
$$=(c\cdot a)(d\cdot b)-(d\cdot a)(c\cdot b)$$
$$=(a\cdot c)(b\cdot d)-(a\cdot d)(b\cdot c),$$

特别有

$$(a\times b)^2=(a\cdot b)^2-a^2b^2.$$

拉格朗日公式经常用行列式表示为

$$(a\times b)\cdot(c\times d)=\begin{vmatrix}(a\cdot c)&(a\cdot d)\\(b\cdot c)&(b\cdot d)\end{vmatrix}.$$

例 6　证明（雅可比恒等式）

$$(a\times b)\times c+(b\times c)\times a+(c\times a)\times b=0.$$

证明　由三重向量积公式知

$$(a\times b)\times c=(a\cdot c)b-(b\cdot c)a,$$
$$(b\times c)\times a=(b\cdot a)c-(c\cdot a)b,$$
$$(c\times a)\times b=(c\cdot b)a-(a\cdot b)c,$$

上述三式相加便得雅可比恒等式.

设异面直线 l_1 和 l_2 的方程分别是

$$r = r_1 + t_1 v_1, \quad r = r_2 + t_2 v_2.$$

下面我们先求 l_1 和 l_2 的公垂线，事实上，设 $P_1 P_2$ 是 l_1 和 l_2 的公垂线，且 P_1 在 l_1 上，P_2 在 l_2 上，那么

$$\overrightarrow{OP_1} = r_1 + t v_1, \quad \overrightarrow{OP_2} = r_2 + t_2 v_2,$$

且 $P_1 P_2$ 是 l_1 和 l_2 的公垂线.

$$\overrightarrow{P_1 P_2} = r_2 - r_1 + t_2 v_2 - t_1 v_1$$

$P_1 P_2$ 与 v_1，v_2 垂直的条件是 $\overrightarrow{P_1 P_2} \cdot v_1 = 0$，$\overrightarrow{P_1 P_2} \cdot v_2 = 0$. 即

$$(r_2 - r_1) \cdot v_1 + t_2 \, v_1 \cdot v_2 - t_1 \, v_1^2 = 0,$$

$$(r_2 - r_1) \cdot v_2 + t_2 \, v_2^2 - t_1 \, v_1 \cdot v_2 = 0.$$

因为 l_1 与 l_2 是异面直线，$v_1 \times v_2 \neq 0$. 我们把上述两式中 t_1，t_2 作为未知数，$(r_2 - r_1) \cdot v_1$，$(r_2 - r_1) \cdot v_2$，v_1^2，v_2^2 均作为系数，则上述两式就是关于 t_1，t_2 的二元一次方程组，便可解出 t_1，t_2，再利用三重向量积公式和拉格朗日恒等式，可得出

$$t_1 = \frac{(v_1 \times v_2) \cdot [(r_2 - r_1) \times v_2]}{(v_1 \times v_2)^2},$$

$$t_2 = \frac{(v_1 \times v_2) \cdot [(r_2 - r_1) \times v_1]}{(v_1 \times v_2)^2}.$$

由此决定 P_1 和 P_2 的连线就是 l_1 和 l_2 的公垂线. 记

$$e = \frac{v_1 \times v_2}{|v_1 \times v_2|}, \quad \text{公垂线长为} \ |\overrightarrow{P_1 P_2}| = d,$$

则

$$\overrightarrow{P_1 P_2} = \pm de = (r_2 - r_1) + t_2 v_2 - t_1 v_1.$$

两边与 e 作内积并取绝对值，得

$$d = |(r_2 - r_1) \cdot e| = \frac{|(r_2 - r_1) \cdot (v_1 - v_2)|}{|v_1 \times v_2|}$$

$$= \frac{(r_2 - r_1, \, v_1, \, v_2)}{|v_1 \times v_2|},$$

这就是异面直线 l_1 与 l_2 的距离.

王申怀数学教育文选

例7 已知两直线

$$l_1: \frac{x-3}{1}=\frac{y-5}{-2}=\frac{z-7}{1}, \quad l_2: \frac{x+1}{7}=\frac{y+1}{-6}=\frac{z+1}{1}.$$

(1) 求公垂线的垂足；(2) 求公垂线长.

解 由题设知

$$\boldsymbol{r}_1=(3,\ 5,\ 7),\ \boldsymbol{r}_2=(-1,\ -1,\ -1),$$
$$\boldsymbol{v}_1=(1,\ -2,\ 1),\ \boldsymbol{v}_2=(7,\ -6,\ 1),$$

于是

$$\boldsymbol{v}_1\times\boldsymbol{v}_2=\left(\begin{vmatrix}-2 & 1\\ -6 & 1\end{vmatrix},\ \begin{vmatrix}1 & 1\\ 1 & 7\end{vmatrix},\ \begin{vmatrix}1 & -2\\ 7 & -6\end{vmatrix}\right)=(4,\ 6,\ 8),$$

$$\boldsymbol{r}_2-\boldsymbol{r}_1=(-4,\ -6,\ -8),$$

$(\boldsymbol{r}_2-\boldsymbol{r}_1,\ \boldsymbol{v}_1,\ \boldsymbol{v}_2)\neq 0$，故 l_1 与 l_2 是异面直线.

(1) 由 $(\boldsymbol{v}_1\times\boldsymbol{v}_2)\times(\boldsymbol{r}_2-\boldsymbol{r}_1)=\boldsymbol{0}$，所以公垂线垂足所对应的参数 $t_1=t_2=0$. 垂足就是 $\boldsymbol{r}_1$ 和 $\boldsymbol{r}_2$.

(2) 公垂线长

$$d=\frac{4^2+6^2+8^2}{\sqrt{4^2+6^2+8^2}}=\sqrt{116}=2\sqrt{29}.$$

§5.5 利用向量来研究空间中的曲面和曲线

1. 曲面和方程

在空间直角坐标系下，若方程 $F(x,\ y,\ z)=0$ 和曲面 S 有下述关系：S 上任一点坐标 $(x,\ y,\ z)$ 都满足方程 $F(x,\ y,\ z)=0$，满足方程 $F(x,\ y,\ z)=0$ 的点 $(x,\ y,\ z)$ 都在 S 上，则称 $F(x,\ y,\ z)=0$ 为曲面 S 的方程.

例1 求以 $M_0(x_0,\ y_0,\ z_0)$ 为球心，R 为半径的球面方程.

解 设 $M(x,\ y,\ z)$ 是球面 S 上一点，则

$$|\overrightarrow{M_0M}|=R \ \text{或} \ \overrightarrow{M_0M}^2=\overrightarrow{M_0M}\cdot\overrightarrow{M_0M}=R^2,$$

这就是球面的向量方程，化成坐标形式，即

$$(x-x_0)^2+(y-y_0)^2+(z-z_0)^2=R^2.$$

例 2 求以直线

$$\frac{x-1}{1}=\frac{y-2}{1}=\frac{z-1}{1}$$

为轴，半径为 5 的圆柱面方程.

解 设 $M(x, y, z)$ 为圆柱面 S 上任一点，利用点到直线的距离公式（此处直线上的点为 $M_0(1, 2, 1)$，直线的方向向量 $v=(1, 1, 1)$），得到

$$d=\frac{|v\times\overrightarrow{M_0M}|}{|v|}=5.$$

化成坐标形式为

$$\frac{(z-y+1)^2+(x-z)^2+(y-x-1)^2}{3}=25,$$

即

$$(z-y+1)^2+(x-z)^2+(y-x-1)^2=75.$$

例 3 求以原点为顶点，z 轴为旋转轴，半顶角为 α 的圆锥面的方程.

解 设圆锥上任一点 $M(x, y, z)$，则

$$\overrightarrow{OM}\cdot k=|\overrightarrow{OM}|\,|k|\cos\alpha,$$

此处 $\overrightarrow{OM}=(x, y, z)$，$k=(0, 0, 1)$，故

$$z=(\sqrt{x^2+y^2+z^2})\cos\alpha,$$

化简后得

$$x^2+y^2-z^2\tan^2\alpha=0,$$

这就是此圆锥面的方程.

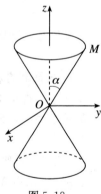

图 5-18

2. 曲线的方程

我们知道直线的参数方程是

262

王申怀数学教育文选

$$\begin{cases} x = x_0 + lt, \\ y = y_0 + mt, \quad (-\infty < t < +\infty). \\ z = z_0 + nt \end{cases}$$

每一个 t 值决定线上一个点，直线上每一点对应一个 t 值.
类似地，方程

$$\begin{cases} x = x(t), \\ y = y(t), \quad (a \leqslant t \leqslant b) \\ z = z(t) \end{cases}$$

表示一条曲线 C. 如果对 $[a, b]$ 中的每一个 t，由上述方程（组）确定 C 上一个点，而 C 上任一点都有对应的 t 值满足上述方程，我们就把它叫做曲线 C 的参数方程，t 叫做参数. 参数方程还可以写成向量形式

$$r = r(t) \quad (a \leqslant t \leqslant b).$$

容易知道，方程

$$\begin{cases} x = r\cos\theta, \\ y = r\sin\theta, \quad (0 \leqslant \theta \leqslant 2\pi) \\ z = 0 \end{cases}$$

表示坐标面 xy 上的以原点为圆心，r 为半径的一个圆. 此处 θ 是参数.

例 4 如图 5-19，动点 M 由 $M_0(0, 0, 0)$ 出发，绕 z 轴作等角速度 ω 的圆周运动，同时又沿 z 轴方向作等速 v 的直线运动，圆的半径为 a. 求 M 点的轨迹.

解 设动点 M 在 Oxy 坐标面上投影为 N，则 $\overrightarrow{ON}$ 与 i 的夹角 $\theta = \omega t$. 而 $\overrightarrow{NM} = vt\boldsymbol{k}$（此处 t 表示时间）. 于是

$$r = \overrightarrow{OM} = \overrightarrow{ON} + \overrightarrow{NM}$$
$$= (a\cos\omega t, \ a\sin\omega t, \ vt).$$

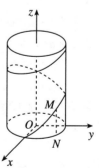

图 5-19

即

$$\begin{cases} x = a\cos\omega t, \\ y = a\sin\omega t, \quad (0 < t < +\infty). \\ z = vt. \end{cases}$$

这条曲线叫做圆螺旋线.

例 5 讨论平面与圆锥面所截得的曲线.

解 设一圆锥被平面 π 所截（π 不过圆锥顶点），我们以 π 为 xy 坐标平面，且让 z 轴通过圆锥顶点 r，此时，r 点的坐标设为 $(0, 0, c)$，圆锥轴的方向向量 $e = (\cos\alpha, \cos\beta, \cos\gamma)$. 其中 α, β, γ 为向量 e 与 x, y, z 轴的夹角. 设圆锥半顶角为 θ，$P(x, y, z)$ 为圆锥面上任一点，则 $\overrightarrow{VP}$ 与 e 的夹角就是 θ. 因此有

$$\overrightarrow{VP} \cdot e = |\overrightarrow{VP}| |e| \cos\theta.$$

此时 $\overrightarrow{VP} = (x, y, z-c)$，所以

$$[x\cos\alpha + y\cos\beta + (z-c)\cos\gamma]^2 = [x^2 + y^2 + (z-c)^2]\cos^2\theta,$$

这就是此圆锥面的方程. 因为 π 面是 xy 坐标面. 所以 π 面上点的坐标必有 $z=0$. 故 π 面截圆锥所得曲线上的坐标应满足（只需将 $z=0$ 代入上式即可）

$$[x\cos\alpha + y\cos\beta - c\cos\gamma]^2 = [x^2 + y^2 + c^2]\cos^2\theta,$$

即

$$(\cos^2\alpha - \cos^2\theta)x^2 + 2xy\cos\alpha\cos\beta + (\cos^2\beta - \cos^2\theta)y^2 - 2x\cos\alpha\cos\gamma - 2y\cos\beta\cos\gamma + c^2(\cos^2\gamma - \cos^2\theta) = 0.$$

这是 π 平面（xy 坐标面）上的一条二次曲线. 利用二次曲线的不变量理论，只需计算不变量是 I_2，我们就能判断它是什么曲线了.

$$I_2 = \begin{vmatrix} \cos^2\alpha - \cos^2\theta & \cos\alpha\cos\beta \\ \cos\alpha\cos\beta & \cos^2\beta - \cos^2\theta \end{vmatrix}.$$

若 $I_2 = 0$，得

$$(\cos^2\alpha - \cos^2\theta)(\cos^2\beta - \cos^2\theta) = \cos^2\alpha\cos^2\beta,$$

化简得 $\cos^2\alpha + \cos^2\beta = \cos^2\theta$. 注意 $\cos^2\alpha + \cos^2\beta + \cos^2\gamma = 1$，

故有
$$\sin^2\gamma = \cos^2\theta.$$

由此得出 $\theta = \frac{\pi}{2} - r$，而 θ 是圆锥的半顶角．$\frac{\pi}{2} - r$ 表示圆锥轴线与平面 π 的夹角．这说明当 π 平面平行于圆锥母线时截得的曲线是抛物线．同样由 $I_2 > 0$（或 $I_2 < 0$）可得出 $\frac{\pi}{2} - r > \theta$ 或 $\frac{\pi}{2} - r < \theta$ 时截得曲面为椭圆或双曲线．

§5.6　对向量的进一步认识

在前面几章中我们已经知道，向量在解决平面几何、立体几何的问题时有其独特的功效、产生这种功效的原因就是向量是代数与几何之间的一座天然的桥梁．通过这座"桥梁"（向量）就可把代数与几何沟通起来．

1. 向量的代数运算规律本身就是几何定理

我们已经学过向量的加法满足交换律、结合律，即

$$a + b = b + c,\quad（交换律）$$

$$(a + b) + c = a + (b + c).\quad（结合律）$$

我们来回忆一下向量加法的交换律是如何得出的．

如图 5-20，设 $\overrightarrow{OA} = a$，$\overrightarrow{OB} = b$，由向量加法的定义知

$$a + b = \overrightarrow{OA} + \overrightarrow{OB} = \overrightarrow{OA} + \overrightarrow{AC} = \overrightarrow{OC},$$

$$b + a = \overrightarrow{OB} + \overrightarrow{OA} = \overrightarrow{OB} + \overrightarrow{BC} = \overrightarrow{OC}.$$

所以

$$a + b = b + a.$$

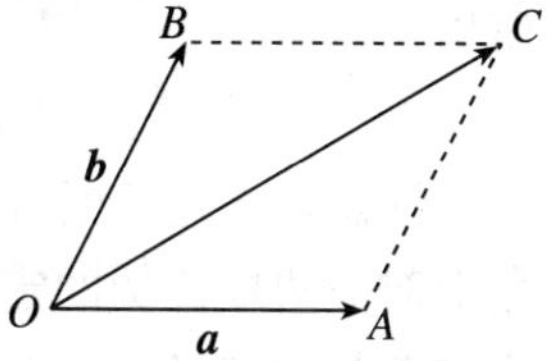

图 5-20

注意，上述证明过程的关键是 $\overrightarrow{OB} = \overrightarrow{AC}$，$\overrightarrow{OA} = \overrightarrow{BC}$．这就是平面几何中的平行四边形对边相等的定理．因此，若向量加法满足交换律，意味着平行四边形定理成立；反之，

平行四边形对边相等这个定理成立，则向量加法必然满足交换律.

同样，向量加法结合律的得到，是用了两次平行四边形对边相等的定理，反之亦然. 这里不再详述了，

我们又学过数与向量相乘（简称数乘）满足分配律，即

$$\lambda(a+b)=\lambda a+\lambda b \ (\lambda\in\boldsymbol{R})，（分配律）$$

现在来回忆一下这个分配律是如何得到的.

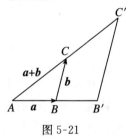

如图 5-21，设 $a=\overrightarrow{AB}$，$b=\overrightarrow{BC}$，则

$$a+b=\overrightarrow{AC}.$$

作 $\triangle AB'C'\backsim\triangle ABC$. 且使其相

图 5-21

似比为 λ.（为此只需在 AB 延长线上

取一点 B'，使线段 $AB：AB'=1：\lambda$. 再过 B' 点作 $B'C'\parallel BC$，交 AC 延长线于 C'，则 $\triangle AB'C'$ 即为所求.）因此有

$$\overrightarrow{AB'}=\lambda a, \ \overrightarrow{B'C'}=\lambda b,$$
$$\overrightarrow{AC'}=\lambda\overrightarrow{AC}=\lambda(a+b).$$

另一方面，由向量加法的定义知

$$\overrightarrow{AC'}=\overrightarrow{AB'}+\overrightarrow{B'C'}=\lambda a+\lambda b,$$

所以

$$\lambda(a+b)=\lambda a+\lambda b.$$

注意，上述证明过程中的关键是平面几何中的相似三角形对应边成比例的定理. 因此，若向量数乘满足分配律，意味着相似三角形对应边成比例定理成立；反之，相似三角形对应边成比例定理成立，则向量数乘必然满足分配律.

因此，当我们利用交换律、结合律和分配律对向量进行线性运算（加法与数乘）时，就是在不断运用平面几何中的这两个定理，也可以说向量所满足的交换律、结合律

王申怀数学教育文选

和分配律就是这些几何定理的代数化，所以我们就可以把有关平面几何中的一些问题转化为向量的代数运算了（下面再举具体实例）.

现在我们再来讨论向量数量积的运算规律.
$$\boldsymbol{a} \cdot \boldsymbol{b} = \boldsymbol{b} \cdot \boldsymbol{a}, \text{（交换律）}$$
$$(\boldsymbol{a} + \boldsymbol{b}) \cdot \boldsymbol{c} = \boldsymbol{a} \cdot \boldsymbol{c} + \boldsymbol{b} \cdot \boldsymbol{c}. \text{（分配律）}$$
由数量积的定义知道
$$\boldsymbol{a} \cdot \boldsymbol{b} = |\boldsymbol{a}||\boldsymbol{b}|\cos\theta = |\boldsymbol{b}||\boldsymbol{a}|\cos\theta = \boldsymbol{b} \cdot \boldsymbol{a},$$
因此交换律成立.

如图 5-22，$\overrightarrow{OA} = \boldsymbol{a}$，$\overrightarrow{OB} = \boldsymbol{b}$，$\overrightarrow{OC} = \boldsymbol{a} + \boldsymbol{b}$. 过 O 点作一向量 $\overrightarrow{OX} = \boldsymbol{c}$. 设 A，B，C 在 $\overrightarrow{OX}$ 上的正投影为 A'，B'，C'，则有
$$OA' = |\boldsymbol{a}|\cos\alpha,$$
$$OB' = |\boldsymbol{b}|\cos\beta,$$
$$OC' = |\boldsymbol{a} + \boldsymbol{b}|\cos\gamma,$$
其中 α，β，γ 为向量 $\boldsymbol{a}$，$\boldsymbol{b}$ 和 $\boldsymbol{a} + \boldsymbol{b}$ 与 $\overrightarrow{OX}$ 的夹角.

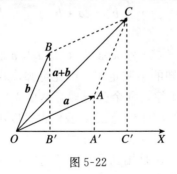

图 5-22

根据"（有向）线段的和在一直线上的投影等于各（有向）线段的投影的和"这个平面几何的定理可知.
$$OA' + OB' = OC',$$
即
$$|\boldsymbol{a}|\cos\alpha + |\boldsymbol{b}|\cos\beta = |\boldsymbol{a} + \boldsymbol{b}|\cos\gamma.$$

所以

$$(a+b) \cdot c = (a+b) |c| \cos \gamma$$
$$= (|a| \cos \alpha + |b| \cos \beta) |c|$$
$$= a \cdot b + b \cdot c.$$

因此，向量数量积的分配律成立的原因与有向线段在某一直线的正投影定理有关，所以我们对向量进行数量积运算时就是在不断地运用平面几何中的正投影定理.

由数量积满足交换律和分配律. 容易知道，下述等式成立：

$$(a-b)^2 = (a-b) \cdot (a-b) = a^2 + b^2 - 2a \cdot b.$$

现在我们来考察一下上述等式的几何内涵.

如图 5-23，设 $\triangle ABC$ 中三边长为 a，b，c，记 $\overrightarrow{CB} = a$，$\overrightarrow{CA} = b$，则

$$\overrightarrow{AB} = a - b, \quad |a| = a,$$
$$|b| = b, \quad |a - b| = c,$$

于是从 $(a-b)^2 = a^2 + b^2 - 2a \cdot b$ 就可得到

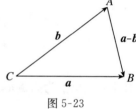

图 5-23

$$c^2 = a^2 + b^2 - 2ab \cos C \quad (C \text{ 是 } a \text{ 与 } b \text{ 的夹角})$$

这就是我们熟知的余弦定理. 由此可知，若向量数量积满足交换律、分配律，则余弦定理必然成立（上述就是利用向量来证明余弦定理）. 反之，我们也可以用余弦定理来证明数量积必然满足交换律、分配律. 注意，上面我们证明数量积满足分配律是用到了平面几何中有向线段的正投影定理，而正投影定理与余弦定理是密切相关的. 因此，我们可以直接利用余弦定理来证明数量积满足分配律. 具体证明如下：

设 $a \cdot b = |a| |b| \cos \theta$，其中 θ 是向量 a 与 b 的夹角，由余弦定理易知

王申怀数学教育文选

$$a \cdot b = \frac{1}{2}(|a+b|^2 - |a|^2 - |b|^2).$$

因此要证明 $a \cdot (b+c) = a \cdot b + a \cdot c$ 成立，只需证

$$|a+b+c|^2 - |a+b|^2 - |b+c|^2 -$$
$$|c+a|^2 + |a|^2 + |b| + |c|^2 = 0. \qquad (*)$$

利用余弦定理我们可以知道，对向量 u 和 v 成立

$$|u+v|^2 + |u-v|^2 = 2|u|^2 + 2|v|^2,$$

如图 5-24，令 $u=a+b$，$v=c$，则有

$$|a+b+c|^2 + |a+b-c|^2 - 2|a+b|^2 - 2|c|^2 = 0.$$

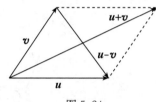

图 5-24

令 $u=a$，$v=b-c$，则有

$$-|a+b-c|^2 - |a-b+c|^2 + 2|a|^2 + 2|b-c|^2 = 0;$$

令 $u=a+c$，$v=b$，则有

$$|a-b+c|^2 + |a+b+c|^2 - 2|a+c|^2 - 2|b|^2 = 0;$$

令 $u=b$，$v=c$，则有

$$-2|b+c|^2 - 2|b-c|^2 + 4|b|^2 + 4|c|^2 = 0.$$

将上面四式相加再乘以 $\frac{1}{2}$ 即得 $(*)$ 式．

2. 向量把几何证明转化为代数运算

前面我们已经说明了向量运算的规律本身就包含着几何定理的内容．因此利用运算律进行向量的代数运算，实际上就是利用基本的几何定理来进行推理，向量的代数运算本身就是一种几何推理．这样向量就把代数与几何，数与形自然地结合在一起了．因此可以说向量的方法就是数

形结合这种数学思想方法的一个具体的体现．向量就成为代数与几何之间的一座天然的桥梁．下面我们用具体实例来说明向量是如何把几何证明过程转化为代数运算过程的．

例1 三角形面积海伦公式的证明．

设$\triangle ABC$的三边长为a，b，c．$p=\dfrac{1}{2}(a+b+c)$，则

$(\triangle ABC\text{的面积})^2=p(p-a)(p-b)(p-c)$．

证明 如图 5-25，设$\overrightarrow{BC}=\boldsymbol{a}$，$\overrightarrow{CA}=\boldsymbol{b}$，$\overrightarrow{AB}=\boldsymbol{c}$；

$$|\boldsymbol{a}|=a,\ |\boldsymbol{b}|=b,\ |\boldsymbol{c}|=c,$$

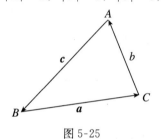

图 5-25

由 $\boldsymbol{a}+\boldsymbol{b}+\boldsymbol{c}=\boldsymbol{0}$，可知

$$(\boldsymbol{a}+\boldsymbol{b})^2=\boldsymbol{c}^2.$$

利用数量积的交换律与分配律得

$$\boldsymbol{a}^2+\boldsymbol{b}^2+2\boldsymbol{a}\cdot\boldsymbol{b}=\boldsymbol{c}^2,$$

即有

$$\boldsymbol{a}\cdot\boldsymbol{b}=\frac{1}{2}(\boldsymbol{c}^2-\boldsymbol{a}^2-\boldsymbol{b}^2).$$

另一方面，由数量积的定义可知

$$
\begin{aligned}
|\boldsymbol{a}|^2|\boldsymbol{b}|^2-(\boldsymbol{a}\cdot\boldsymbol{b})^2 &=a^2b^2(1-\cos^2C)\\
&=a^2b^2\sin^2C\\
&=4(\triangle ABC\text{的面积})^2,
\end{aligned}
$$

故

$$4(\triangle ABC\text{的面积})^2=a^2b^2-\frac{1}{4}(c^2-a^2-b^2)^2.$$

这就是海伦公式，即用$\triangle ABC$的三边长a，b，c来表示$\triangle ABC$的面积. 余下的问题就是把上述式子化成所要的形式.

$$
\begin{aligned}
&a^2b^2-\frac{1}{4}(c^2-a^2-b^2)\\
=&\frac{1}{4}[2ab-(c^2-a^2-b^2)][2ab+(c^2-a^2-b^2)]\\
=&\frac{1}{4}(a+b+c)(a+b-c)(c+a-b)(c-a+b)\\
=&p(p-a)(p-b)(p-c).
\end{aligned}
$$

上述证明的关键是将三角形的面积用向量来表示，即($\triangle ABC$的面积)$^2=\frac{1}{4}[|\boldsymbol{a}|^2|\boldsymbol{b}|^2-(\boldsymbol{a}\cdot\boldsymbol{b})^2]$，再利用向量的运算律将此式化简. 这样就使几何问题完全代数化了. 如果这个转化过程在例 1 中还不明显，请看下述一个著名的平面几何定理（斯坦纳定理）的证明.

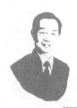

例 2（**斯坦纳定理**）　在$\triangle ABC$中，若$\angle B$与$\angle C$的平分线相等，则$\triangle ABC$是等腰三角形.

证明　如图 5-26，设$\triangle ABC$的三边长为a，b，c. BD与CE是$\angle B$与$\angle C$的角平分线，且$BD=CE$.

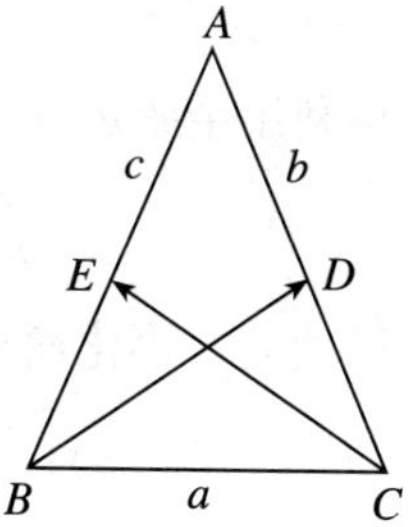

图 5-26

由内角平分线的性质得

$$AD:DC=c:a.$$

由定比分点公式知

$$\overrightarrow{BD}=\frac{\overrightarrow{BA}+\lambda\overrightarrow{BC}}{1+\lambda}，其中\lambda=\frac{AD}{DC}=\frac{c}{a}，$$

故有

$$\overrightarrow{BD}=\frac{a\overrightarrow{BA}+c\overrightarrow{BC}}{a+c}.$$

同理

$$\overrightarrow{CE}=\frac{a\overrightarrow{CA}+b\overrightarrow{CB}}{a+b}.$$

（下面的问题就是从已知条件 $|\overrightarrow{BD}|=|\overrightarrow{CE}|$ 推出 $AB=AC$. 这就把几何问题通过向量转化为代数运算问题了. 而用向量来表示角平分线 BD 和 CE 就是本证明的关键.）

由 $|\overrightarrow{BD}|=|\overrightarrow{CE}|$ 可知

$$\left(\frac{a\overrightarrow{BA}+c\overrightarrow{BC}}{a+c}\right)^2=\left(\frac{a\overrightarrow{CA}+b\overrightarrow{CB}}{a+b}\right)^2,$$

利用向量的运算律可知

$$\frac{a^2c^2+c^2a^2+2ac\overrightarrow{BA}\cdot\overrightarrow{BC}}{(a+c)^2}=\frac{a^2b^2+b^2a^2+2ab\overrightarrow{CA}\cdot\overrightarrow{CB}}{(a+b)^2}.$$

又由数量积的定义可知

$$2\overrightarrow{BA}\cdot\overrightarrow{BC}=2ac\cos B,$$
$$2\overrightarrow{CA}\cdot\overrightarrow{CB}=2ba\cos C.$$

将这两个式子代入上式，得

$$\frac{2a^2c^2(1+\cos B)}{(a+c)^2}=\frac{2a^2b^2(1+\cos C)}{(a+b)^2},$$

得

$$\frac{c^2(a+b)^2}{b^2(a+c)^2}=\frac{1+\cos C}{1+\cos B}.$$

再利用余弦定理，知

$$\frac{c^2(a+b)^2}{b^2(a+c)^2}=\frac{c[(a+b)^2-c^2]}{b[(a+c)^2-b^2]}.$$

移项后，再化简得

$$(c-b)\left[\frac{a^2+b^2+c^2+2a(b+c)+bc}{(a+b)^2(a+c)^2}+\frac{1}{bc}\right]=0,$$

于是有 $c-b=0$，即 $AB=AC$.

评述 这是一个著名的难题，用纯几何综合方法或用解析几何坐标方法来证明都很不容易. 有人把它称为斯坦纳定理（这个问题可能是数学家 Steiner 最早提出并加以证明的）. 利用向量把一个困难的几何问题转化为一个简单的代数计算问题，可见向量在解决某些几何问题时所具有的特效功能了.

王申怀数学教育文选

附录 1

○ 王申怀简历

1939-08-15	出生于上海市
1945-09～1951-07	上海市浸德小学读小学
1951-09～1957-07	上海市光明中学读初、高中
1956-08-21	加入中国新民主主义青年团
1957-07～1962-08	复旦大学数学系本科学习
1962-10～1965-07	北京师范大学数学系任教
1965-09～1966-05	山西省沁县参加"社会主义教育运动"
1966-06～1969-03	参加"文化大革命"
1969-03～1969-06	北京石景山高井发电厂劳动
1969-06～1969-12	北京燕山东方红炼油厂劳动
1970-01～1972-04	北京师范大学机电厂劳动
1972-04～1981-09	北京师范大学数学系任教
1979-02～1988-06	北京师范大学数学系讲师
1981-09～1982-10	美国麻省州立大学（University of Massachusetts）访问学者
1988-06～1998-06	北京师范大学数学系副教授
1988-11～1995-02	北京师范大学数学系副主任
1990～	《数学通报》编委
1992～	《数学教育学报》编委
1994-06～	北京师范大学数学系硕士生导师
1995-08～	转入北京师范大学数学系数学教育与数学史教研室
1995～	国家教委/教育部考试中心成人高考命题组成员
1998-01	加入中国民主促进会

1998-07～	北京师范大学数学系教授
1999-11	退休
2006～2007	北京教育考试院普通高考命题组成员

王申怀数学教育文选

附录 2

〇 王申怀发表的论文和著作目录

————————— 论文目录 —————————

序号 作者. 论文名称. 杂志名称，年份，卷（期）：起页—止页

1. 王申怀. π 的数值是怎样计算出来的. 中学理科数学，1978（5）：25-29.

2. 王申怀. 自身及各阶导数根同时为整数的三次多项式的作法. 嘉兴师范学院学报，1983（S1）：36-37.

3. 王申怀. $\sin x$ 和 $\cos x$ 展成幂级数的初等推导. 教学参考资料，1980（5）：10-12.

4. 王申怀. 球面三角公式的向量证法. 教学与研究（中学数学版），1983（3）：18.

5. 王申怀. 关于空间曲线一定理的注记. 江西大学学报（自然科学版），1984（3）：67-69.

6. 王申怀. Poincaré 模型与非欧三角学. 高等数学，1985，1（1）：19-23.

7. 申京（王申怀）. Leibniz 公式的推广. 高等数学，1986，2（2）：80.

8. 申京（王申怀）. 关于凸闭曲面的一个定理. 高等数学，1986，2（2）：183-184.

9. 王申怀. 一类初等几何问题的向量解法. 中学数学杂志，1986（4）：21-23.

10. 王申怀. 用待定系数法求某些级数和. 中学生数学，1988（2）：12.

11. 王申怀. 空间曲线存在定理与黎卡提方程. 湖州师专学报. 1989（6）：21-26.

12. 王申怀. 正弦定理与余弦定理的关系. 数学通报，1991

（11）：26.

13. 王申怀. 二次曲线中点弦性质的统一证明. 数学通报，1992（1）：35-37.

14. 王申怀，高连生. 四边形的面积. 数学通报，1992（9）：19-20.

15. 王申怀. 试论数学直觉思维的逻辑性及其培养. 数学教育学报，1992，1（1）：66-69.

16. 王申怀. 化二次射影几何问题为初等几何问题. 数学通报，1993（4）：41-43.

17. 王申怀. 正弦定理与欧氏平行公理的等价性. 数学通报，1993（7）：25.

18. 王申怀. 存在性证明之必要. 数学通报，1994（3）：23.

19. 王申怀. 算术—几何平均不等式的简单证明. 数学通报，1994（11）：封3-4.

20. 王申怀. 论高师院校几何课中的思想和方法. 数学教育学报，1994，3（2）：43-46.

21. 吴世锦，王申怀. "存在性证明之必要"一文的质疑. 数学通报，1994（7）：41-42.

22. 王申怀. 复数为什么不能比较大小. 数学通报，1995（5）：26-27.

23. 王申怀. "综合法""代数法"谁优谁劣. 数学通报，1995（7）：23-24.

24. 王申怀. 普拉托问题与道格拉斯. 数学通报，1995（8）：22-23.

25. 王申怀. 利用导数求费马问题的解. 数学通报，1995（11）：38-39.

26. 程艺华，王申怀. 矩阵——高中数学课的一项新内容. 学科教育，1996（1）：20-22.

27. 王申怀. 师专数学系《几何基础》不该作为必修课. 数学通报，1996（5）：46-47.

28. 王申怀. 论证推理与合情推理——美国芝加哥大学中学数学设计（UCSMP）教材介绍. 数学通报，1996（6）：25-27.

29. 王申怀. 美国芝加哥大学中学数学设计（UCSMP）教材介绍. 数学通报，1996（7）：26-29；（8）：38-41.

30. 王申怀. 面积与体积. 数学通报，1996（11）：39-42.

31. 王申怀. 高师院校几何教改漫谈. 上饶师专学报，1996（3）：67-69.

32. 王申怀，彭宝阳. 4 维立方体. 数学通报，1997（10）：41-42.

33. 王申怀. 美国 UCSMP 教材（第六册）介绍. 数学教育学报，1997，6（1）：66-70.

34. 王申怀执笔. 一个极值问题的新解. 数学通报，1999（10）：42-43.

35. 王申怀. 数学证明的教育价值. 课程·教材·教法，2000（5）：24-26.

36. 王家铧，王申怀. 几何教学改革展望. 数学教育学报，2000，9（4）：95-99.

37. 王申怀. 几何课程教改展望. 全国中学数学教育第 9 届年会论文特辑. 上海：上海科学技术出版社，2000：74-90.

38. 王申怀. 圆锥曲线是椭圆、双曲线和抛物线的解析证明. 数学通报，2003（4）：9.

39. 王申怀. 编写新教材中的一些感想. 数学通报，2004（6）：40-41.

40. 王申怀，兰社云. 代数与几何之间的另一座"桥梁"——向量. 数学通报，2005（5）：57-59.

附录 2

王申怀发表的论文和著作目录

41. 王申怀，赵武超．"再创造""发现法"与"启发式"．数学通报，2005（12）：4-5.

42. 王海燕，王学贤，王申怀．三角形与多边形分割．数学通报，2006（8）：60-61.

43. 王申怀．高中数学课程标准介绍与思考．数学通报，2006（12）：7-9.

44. 王申怀．平面几何与球面几何之异同．数学通报，2006（9）：6-9.

45. 王申怀．从欧几里得《几何原本》到希尔伯特《几何基础》．数学通报，2010（1）：1-8.

46. 李永杰，王申怀．新课标下平面几何变式教学几例．数学通报，2011（1）：32-33.

──────────── 著作和译著目录 ────────────

序号　著（译）者．书名．出版地：出版社，出版年份

1. 美国中学数学课程改革研究组．王申怀，译．王阿雄，吴望名，校．统一的现代数学（第2册第1分册）．北京：人民教育出版社，1978.

2. 项武义，王申怀，潘养廉．古典几何学．上海：复旦大学出版社，1986.

3. 王申怀，刘继志．微分几何．北京：北京师范大学出版社，1988.

4. 王申怀主编．数学2//人民教育出版社　课程教材研究所中学数学课程教材研究开发中心编著．普通高中课程标准实验教科书数学（A版）．北京：人民教育出版社，2004.

5. 王申怀主编．数学选修2-1//人民教育出版社　课程教材研究所中学数学课程教材研究开发中心编著．普通高中课程标准实验教科书数学（A版）．北京：人民教育出版

社，2005.

6. 严士健主编. 张惠英，王申怀，王培甫，张金兰. 向量及其应用. 北京：高等教育出版社，2005.

附录
2

王申怀发表的论文和著作目录

■后　记

　　北京师范大学数学科学学院（系）的数学教育研究有着优良的传统，值得梳理、总结和弘扬，其中之一是出版老先生们的数学教育文选．首先应该考虑出版《傅种孙数学教育文选》，由于多种原因，此事一直未列入出版计划．1987年，上海教育出版社出版了《赵慈庚数学教育文集》，这是数学系教师中出版的第一部文集．魏庚人教授于1950～1958年在北京师范大学数学系初等数学及数学教学法教研室工作，1955～1958年曾任该教研室主任，后调到陕西师范学院（现称陕西师范大学），先后任数学系主任、名誉系主任，陕西省数学会副理事长、理事长、名誉理事长．1982～1986年担任中国教育学会数学教学研究会首任理事长．为庆祝魏先生90岁寿辰，陕西师范大学数学系张友余老师编辑整理了《魏庚人数学教育文集》，于1991年在河南教育出版社出版．

　　2002年，在搜集和整理《北京师范大学数学系史》资料的过程中，我就开始考虑如何系统地搜集和整理北京师范大学数学系的历史资料，在可能的情况下发表或由出版社出版．其中之一就是主编并出版傅种孙、钟善基、丁尔陞、曹才翰、孙瑞清老师的数学教育文选．在人民教育出版社的领导和中学数学编辑室的数位编辑，尤其是章建跃编审的大力支持下，这个计划在2005～2006年得以实现．

　　北京师范大学数学科学学院的5部数学教育文选，可以作为一件拳头产品．五位老师中，傅种孙老师起着最重要的作用．钟善基、丁尔陞、曹才翰、孙瑞清老师，以及数

王申怀数学教育文选

学教育教研室的其他老师们，则可作为一个整体．从这5部文选中，我们可以欣赏到北京师范大学数学科学学院这个大家庭中从事数学教育研究和教学的老师们．20世纪20～50年代，傅种孙老师的教学法研究论文对中学数学教育影响最大．20世纪后半叶，在教材教法、数学教育这个学科群体中，几位老师各自发挥的重要作用，他们的研究涵盖了当时数学教育学科的各个主要领域，且处于领先地位．2007年，由我主编的《中国数学教育的先驱：傅种孙教授诞辰110周年纪念文集》在《数学通报》正式出版．

　　另外一件值得指出的是：1958年11月，数学教育教研室的梁绍鸿老师（1917—1979）所著《初等数学复习及研究：平面几何》在人民教育出版社出版．该书是国内初等几何方面的一部经典名著，曾作为高等师范院校平面几何课程的通用教材使用，培育了一大批基础扎实的中学数学教师．该书在1977年出版之后曾多次重印，印数达100多万册．2008年9月由哈尔滨工业大学出版社再版．这次新版，在原书基础上增补了梁老师生前未曾公开面世的珍贵文稿"朋力点"和他发表在20世纪50年代《数学通报》上的3篇初等几何论文．

281

后

记

　　王敬赓、王申怀、钱珮玲3位老师与上面所提到的钟善基、丁尔陞、曹才翰、孙瑞清等老师的教学与研究的经历有较大的区别，这3位老师是分别从几何、分析教研室转到数学教育教研室工作．在数学教育研究室工作的教师，研究数学教育是分内的事．在数学院系从事教学的其他教师，应该充分发挥自己的专业特长，除了开展数学科学研究之外，还应该用高观点研究数学教育，这也是分内的事，但可惜这样做的人是不多的．王申怀老师在复旦大学本科毕业后，分配到我校数学系几何教研室工作，后转到数学教育与数学史教研室工作．他在从事几何教学的同时，在初等数学研究、数学教育理论研究、几何课程改革研究等方面做出了很好的工作，值得我们高等院校从事数学教学的老师们借鉴或学习．我们每一位从事数学教学的老师，在教学过程中，多动脑，勤动笔，做一位有心人，多发挥一些聪明才智，我们的教学水平，会得到不同程度的提高，学生们也将从教学中受益．

承蒙章建跃编审建议出版该文选．该文选出版得到了人民教育出版社的大力支持，以及章建跃编审和李海东副编审的热情帮助，在此表示衷心的感谢．

主编　李仲来
2011 年 5 月

282

王申怀数学教育文选